"十四五"时期国家重点出版物出版专项规划项目

中国城乡可持续建设文库

丛书主编　孟建民　李保峰

Research on Vegetation Restoration Technology of Drawdown Area of Pumped Storage Reservoir in Guangdong-Hong Kong-Macao Greater Bay Area

粤港澳大湾区抽水蓄能水库消落带植被恢复技术研究

李建生　郑悦华　杨宪杰　郑国权　编著

華中科技大學出版社
http://www.hustp.com
中国·武汉

图书在版编目(CIP)数据

粤港澳大湾区抽水蓄能水库消落带植被恢复技术研究/李建生等编著.—武汉：华中科技大学出版社，2022.10
(中国城乡可持续建设文库)
ISBN 978-7-5680-8598-4

Ⅰ.①粤… Ⅱ.①李… Ⅲ.①抽水蓄能水电站-水库-植被-生态恢复-研究-广东、香港、澳门 Ⅳ.①Q948.526.5

中国版本图书馆 CIP 数据核字(2022)第 164333 号

粤港澳大湾区抽水蓄能水库消落带植被恢复技术研究
Yuegang'ao Dawanqu Choushui Xuneng Shuiku Xiaoluodai Zhibei Huifu Jishu Yanjiu

李建生 郑悦华 杨宪杰 郑国权 编著

出版发行：华中科技大学出版社(中国·武汉) 电话：(027)81321913
地　　址：武汉市东湖新技术开发区华工科技园 邮编：430223

责任编辑：陈　骏 封面设计：王　娜
责任校对：刘　竣 责任监印：朱　玢

印　　刷：湖北新华印务有限公司
开　　本：710mm×1000mm　1/16
印　　张：8
字　　数：162 千字
版　　次：2022 年 10 月第 1 版第 1 次印刷
定　　价：58.00 元

投稿邮箱：1275336759@qq.com

前　言

粤港澳大湾区是中国开放程度最高、经济活力最强的区域之一，在国家发展大局中具有重要战略地位。2020年底，粤港澳大湾区常住人口约7000万人，经济总量达11.5万亿元人民币，对电力能源的可靠性需求越来越大。大湾区在广州、惠州、深圳和清远等地建成抽水蓄能电站。作为技术成熟、全生命周期碳减排效益显著、经济性优良且具大规模开发条件的电力系统，抽水蓄能电站在保障大湾区电力系统安全稳定运行、提升新能源消纳水平等方面发挥着重要作用。

水库消落带是抽水蓄能电站建设的重要内容之一。国家水电发展"十三五"规划（2016—2020年）明确指出，要加快抽水蓄能电站建设，探索和完善水库消落带生态重建与修复技术。在消落带区域，多数植物无法适应水陆交替生境，出现地表裸露、土壤侵蚀等问题，进而诱发岸坡地质灾害，导致淤泥淤积，减少水库寿命。

20世纪70年代起，国外学者逐步研究消落带生态系统的基本理论、退化河岸系统恢复与重建，以及合理的人为管理，并建立了一些理论模型。国内学者大多围绕三峡水库，重点研究消落带环境问题成因、消落带利用及影响、土壤养分释放及重金属迁移规律等内容，提出相关理论和治理模式。但传统的水库消落带库岸防护主要针对滑坡、崩塌等地质灾害问题，采取抛石、浆砌石、干砌石护坡等方法，造价高且生态性能差，防护效果不尽理想。

基于此，在广东省水利电力勘测设计研究院科研项目（201306）、广州市荔湾区科技攻关计划项目（20132115012）、广东省水利科技创新项目（201405）支持下，作者调查了区域已建抽水蓄能水库消落带及周边植被土壤环境状况；建设了专门的模拟水库试验基地，筛选并开展了香根草、百喜草、蓉草等草种单种及组合的耐水淹试验；优选香根草在清远等抽水蓄能电站进行了示范种植，生态性能优，施工费用可节约近3/4，提供了岸坡生态治理的新方案；发明并应用了"植株固定器"实用新型专利等，初步建立了水库消落带植被恢复技术体系。研究成果入选《水利水电工程勘测设计新技术应用》一书，研究成果于2021年获得广东省水利科学技术奖三等奖，成果支撑的深圳抽水蓄能电站水土保持设计2022年获得中国水土保持学会优秀设计一等奖，成果示范支撑项目清远抽水蓄能电站获得2018年度“国家水土保持生态文明工程”荣誉，深圳抽水蓄能电站获得2021年度“国家水土保持示范工程”荣誉。

在国家“双碳”目标的引领下，蓄能电站建设迎来了新高潮，消落带植被恢复技术有了更加广阔的天地。把小草情怀融入服务国家大战略中，继续研究和推广应用该项目成果，对蓄能水库乃至常规水库的运行管理与生态发展是极其有意义的。

付梓之际，谨向所有关心支持和参与该项目的领导、专家和同仁们表示诚挚的感谢，并诚恳地欢迎读者对书中不足之处提出宝贵意见。

李建生

2022年3月

目　录

1 项目概况

1.1 研究背景、目的与意义

粤港澳大湾区，包括香港特别行政区、澳门特别行政区和广东省广州市、深圳市、珠海市、佛山市、惠州市、东莞市、中山市、江门市、肇庆市，总面积为5.6万平方千米，是中国开放程度高、经济活力最强的区域之一，在国家发展大局中具有重要战略地位。建设粤港澳大湾区，既是新时代推动形成全面开放新格局的新尝试，也是推动"一国两制"事业发展的新实践。推进粤港澳大湾区建设，是以习近平同志为核心的党中央作出的重大决策，是习近平总书记亲自谋划、亲自部署、亲自推动的国家战略。2019年2月18日，中共中央、国务院印发《粤港澳大湾区发展规划纲要》。粤港澳大湾区不仅要成为充满活力的世界级城市群、国际科技创新中心、"一带一路"建设的重要支撑、内地与港澳深度合作示范区，还要打造成宜居宜业宜游的优质生活圈，成为高质量发展的典范。以香港、澳门、广州、深圳四大中心城市作为区域发展的核心引擎，国家"十四五"规划纲要明确指出，加强粤港澳产学研协同发展，完善广深港、广珠澳科技创新走廊和深港河套、粤澳横琴科技创新极点"两廊两点"架构体系，推进综合性国家科学中心建设。

粤港澳大湾区位于珠江三角洲腹地，与美国纽约湾区、旧金山湾区、日本东京湾区并称为世界四大湾区。2020年底，粤港澳大湾区常住人口约7000万人，经济总量达11.5万亿人民币；但一次能源匮乏，能源供应链较为脆弱，节能减排以及生态环保压力较大，能源发展既面临着经济社会持续较快发展对保障能源稳定供应的客观需求，又承担着环境保护和应对气候变化对能源结构优化调整的责任。在提倡低碳经济、大力推行清洁能源的国际形势下，核能作为清洁能源的重要组成部分，大力发展核电成为区域能源结构调整的重要举措。除此之外，积极消纳西部送入的水电等可再生能源，也是实施节能减排的一个重要方面。大力发展核电、积极消纳西电对于改善电源结构、促进电源侧节能减排有着积极的意义，同时也加大了电网的调峰压力，对电网的调峰运行提出了较高要求。为优先吸纳西电和核电等清洁能源，降低火电调峰幅度和电网运行成本，使电网安全、稳定、经济运行，建设一定容量的调节性能好、快速灵活的抽水蓄能机组是必然选择。

大湾区已建成广州抽水蓄能电站、惠州抽水蓄能电站、深圳抽水蓄能电站和清远抽水蓄能电站。它们作为当前技术成熟、全生命周期碳减排效益显著、经济性优的电力系统灵活调节电源，在保障大湾区能源系统安全稳定运行、提升新能源消纳水平等方面发挥着重要作用。

2021年9月，国家能源局制定抽水蓄能中长期发展规划；2022年，政府工作报告明确提出，加强抽水蓄能电站建设；《"十四五"现代能源体系规划》提出，加快推进抽水蓄能电站建设。在上述规划指导下，广东省和南方电网积极推进后续的抽水蓄能电站有序开发，大湾区内惠东中洞、肇庆浪江、鹤山等一批抽水蓄能电站已开展前期工程工作。加快抽水蓄能电站建设，对于推动能源转型发展、助力实现"双碳"目标具有重要意义。但抽水蓄能电站的水库建设新形成了越来越多的消落带，其影响和安全利用引起了关注。

消落带是指河流、湖泊、水库周边周期性被水淹没或露出成陆的区域，处于水生生态系统和陆生生态系统交替控制的过渡地带，是一种特殊的生物地理带。水库水位受人工控制，长期蓄水和非季节性泄流导致消落带内水位出现不定期涨落波动，生态系统生产力下降，结构和功能失稳退化。水库消落带的生态问题已经相当严重（苏维词，2004），呈现出一定的脆弱性、边缘性与过渡性，容易发生水土流失与塌岸、泥沙淤积加重、土壤受水陆交叉污染、生境退化、生态系统多样性减少、物种组成与数量缺乏等问题，并且各种问题表现出隐蔽性、潜伏性、传递性、长期性、积累性（谢德体等，2007）。水位变化、频率、干湿交替的时间等都会对消落带植被组成和丰富度产生重要影响，尤其是水位变化，大幅度水位涨落使得原有物种不适应新环境难以继续存活或迁移，造成消落带植被稀少，生态系统的结构和功能简单化。

20世纪70—80年代起，美国、德国、澳大利亚、日本、南非等国家逐步研究消落带生态系统的基本理论、退化河岸系统恢复与重建，以及合理的人为管理，并建立了一些理论模型。我国研究起步较晚。20世纪90年代随着三峡水库建成后水文调度水位变化，形成了库区消落带349.8 km^2面积范围近30 m明显的环境因子、生态过程、植物群落梯度，科学研究重点围绕消落带环境问题成因、消落带利用及影响、土壤养分释放及重金属迁移规律等，提出相关理论和治理模式（黄朝禧等，2005；王炯，2003；王勇等，2005；傅杨武，2007；涂建军等，2002），但治理经验还不成熟。而传统的水库库岸防护针对滑坡、崩塌等地质灾害问题采取的抛石、浆砌石、干砌石护坡等方法存在造价高且生态性能差等缺点。消落带治理仍是一个待深入开拓的领域，也是一个世界性的难题。

与常规水库相比较，抽水蓄能水库按照电站运行方式人为干扰使水位出现周期涨落波动，消落带水陆交替交换频次高、速度快，土壤贫瘠裸露，坡度较陡、出露景观差等现象更甚。

大湾区属亚热带季风气候区，具有山丘广布、温暖湿润、水资源丰富、植物种类多样的特点。区域内已建成抽水蓄能水库8座，广东境内在建的阳江、梅州等蓄能电站，以及常规水库共有8408座（广东省第一次水利普查公报，2013），消落带面积较大。近年来，华南植物园、中山大学和华南农业大学等单位做过相关植物耐水淹的植物研究，广州市香根草业科技有限公司做过一些香根草治理消落带的试验应用工作，尚未能形成成熟的治理技术体系。

在国家“双碳”目标的大背景下，消落带治理研究可以初步摸清区内抽水蓄能水库消落带概况、调查筛选适生植物种类及试验示范种植，探寻替代传统库岸防护的植被恢复效果与技术，固土护岸，防治水土流失，并丰富旅游景观等，对蓄能水库全生命周期碳减排效益乃至常规水库的运行管理与水电生态发展具有积极意义和现实意义。

1.2 课题研究目标及研究内容

1.2.1 研究目标

本项目研究目标是初步摸清大湾区及周边抽水蓄能水库消落带状况，调查筛选适生植物种类，试验示范种植效果，为逐步形成规范的种植技术体系打下基础。

1.2.2 研究内容

(1)抽水蓄能水库消落带调查。

①统计分析大湾区及周边水库消落带的数量、分布与特点等，提出分类。

②调查收集已建成的广州、惠州、深圳、清远4座抽水蓄能电站的8座水库消落带的土壤、植被、水质以及岸坡稳定情况。

③调研并筛选区域水库消落带适生植物品种。

(2)消落带植被恢复模拟试验。

①构建小型育种基地和模拟蓄能水库，设计消落带植被恢复试验。

②在设计的种植和模拟运行条件下，观测单一或多种草种配置的植被恢复效果，进行土壤养分测试化验，并分析其变化及相关关系。

(3)试点水库消落带示范种植。

进一步在2个蓄能电站的实地水库运行条件下，示范优选草种不同种植方式的植被恢复效果及测试化验植物、土壤养分变化。

(4)消落带植被恢复技术体系构想。

结合前期研究结果，针对性提出水库一定水位运行条件下的消落带植被恢复的草种种植工艺及管养技术。

研究步骤如图 1-1 所示。

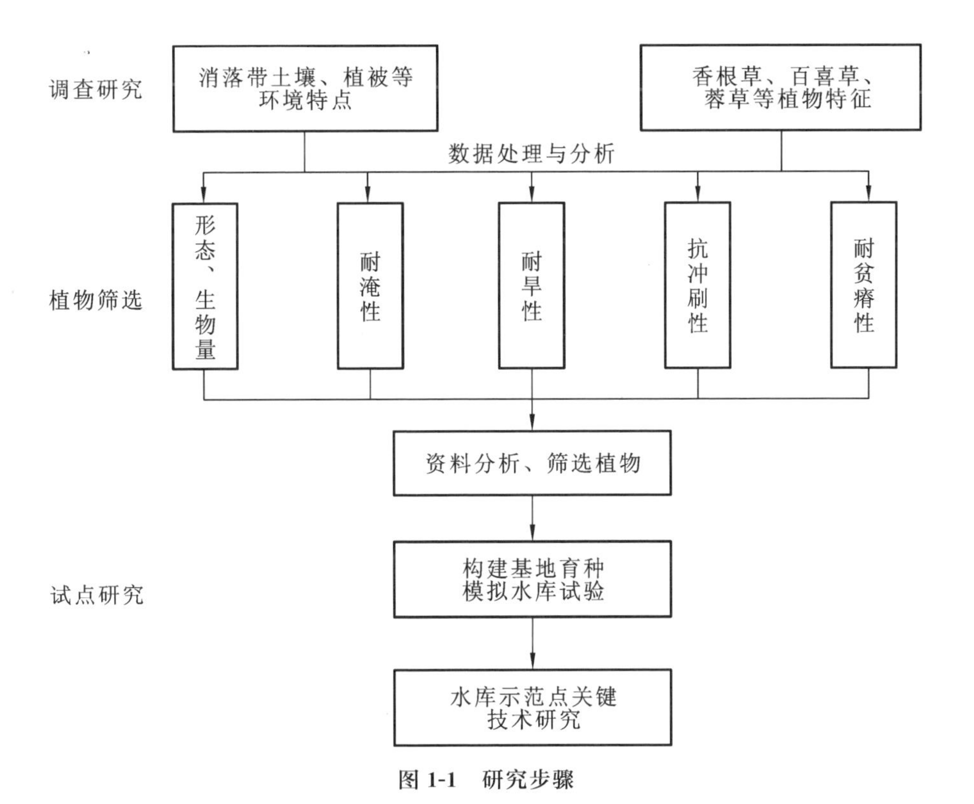

图 1-1　研究步骤

大湾区抽水蓄能电站水库消落带概况

2.1 大湾区及周边抽水蓄能电站水库概况

大湾区位于珠江三角洲腹地，南濒南海，海岸线曲折，港湾众多，地处低纬度地带，气候温暖，日照充足，雨量充沛。全省年平均气温为 19～23 ℃，由南向北逐渐降低，各地日照时数为 1400～2200 h，多年平均降雨量为1200～2800 mm。水资源较丰富，但受地理环境、人口等影响，可开发的水力资源有限。

大湾区对电力的需求在数量和质量上都有较高的要求。目前，电网是火电、水电、核电、西电东送等多种电源并存的电源结构形式。较高的电能需求和火电、核电及区外送电占比较大的电源结构，电网需要优质的调峰电源和保安电源。抽水蓄能电站具有运行灵活、反应迅速、造价低的特点，可妥善解决电网调峰与安全稳定经济运行问题，是电网理想的调峰电源和保安电源。

近年来，随着国民经济的高速发展，人们对电力系统的灵活性和可靠性要求进一步提高。同时由于节能减排意识的加强，如何对能源进行充分利用和降低系统能耗，成为我国电力管理部门及发电企业面临的重要课题。抽水蓄能电站在正常运行期基本不消耗水量，主要水量损失为渗漏损失和蒸发损失，基本不污染水源。抽水蓄能电站与常规水电站、燃气轮机电站、柴油机电站、燃油或燃气电站、燃煤电站等相比，有以下几个优势：①可加工电量，具有调峰、填谷、紧急事故备用和调频、调相、黑启动等作用；②有利于电网调峰调度和合理消纳区外来电；③可提高电网供电可靠性；④有利于提高电网无功调节能力和快速响应负荷变化能力，提高供电质量；⑤有利于发展新能源，配合核电安全稳定运行，保护环境，促进社会经济可持续发展；⑥有利于优化电源结构，改善燃煤火电及其他机组运行工况，提高电网运行的经济性等，符合国家产业政策。

抽水蓄能电站都位于用电负荷区及其附近，该地区经济条件一般较好，人们对生态和景观要求高，这就要求抽水蓄能电站建设要把水土保持放在非常重要的位置，对于生态环境保护给予足够的重视，尽可能减少工程建设对区域生态环境的不利影响，保护周边区域生态环境。例如广州抽水蓄能电站在多年的建设及运营下，生态环境不断改善，已成为一处生态旅游胜地，成为工业建设、工业旅游和生态旅游结合的典范。又如深圳抽水蓄能电站通过不断设计优化创新，最大限度减缓了施工对小三洲生态林保护区、东部华侨城旅游度假区及三洲田水源保护区的不利影响，就地保护移栽植被恢复及园林高标准绿化，提升电站环境容量，延伸了附近的生态休闲、旅游度假资源，逐步形成工业建设、工业旅游和生态休闲旅游结合的产业链。

2.1.1 抽水蓄能电站水库运行模式

抽水蓄能电站的运行方式取决于电力系统的需求，调度运行直接由电力调度中心远距离控制，作日(周)调节运行，根据日负荷变化情况，承担调峰填谷、调频调相、旋转备用运行和事故备用的职责。一般情况下，电站在负荷低谷时抽水，高峰时发电。发电工作容量主要集中在日负荷的尖峰位置，抽水工作容量集中在日负荷低谷位置。除事故备用外，日(周)内完成一次抽水、发电过程。

抽水蓄能电站水库运行原则如下。

(1)电站由电力调度中心直接控制，根据日负荷变化的情况，作调峰填谷、调频调相、旋转备用运行和事故时顶峰运行。

(2)正常情况下，事故备用水量置于上水库，当系统发生事故时用来发电。事故结束后，尽快将水抽回上水库。

(3)发电工况下，为了发挥机组运行灵活的特点，根据负荷变化情况，多台开机，使单机出力达到额定出力的60%，其余40%作旋转备用。

(4)抽水工况下，按全功率抽水。

(5)抽水、发电一天(周)循环一次，抽水量限制不可超过调节库容。

(6)上、下水库的来水，除了弥补蒸发渗漏损失、自流排水洞排水损失，及满足下游生产、生活和生态等用水需要之外，多余的天然径流通过下水库的放水底孔下泄。

2.1.2 大湾区抽水蓄能电站发展历程

1979年，香港中华电力公司与广东省电力工业局联合成立了抽水蓄能电站研究工作办公室，委托广东省水利电力勘测设计研究院着手研究在广东省建设抽水蓄能电站作为调峰电源的可行性(电站装机规模按80万千瓦考虑)。经过实地勘察和站址比较后，在深圳盐田附近选择了五个站址进行比较，推荐站址距香港30 km。1982年编制完成站址可行性研究报告，香港聘请英国专家评估后，同意所推荐站址及采用的技术方案。但是受当时政策限制，在用地等问题上未能取得一致意见，项目搁浅。

随着经济发展，大亚湾核电站兴建，为了保证核电站的安全运行，迫切需要调峰电源的投入，由此拉开了区域建设抽水蓄能电站的序幕。

目前，区域已建的有广州、惠州、清远、深圳等抽水蓄能电站，正在开展前期工作的有惠东中洞、肇庆浪江、鹤山等站点。广州抽水蓄能电站是我国兴建的第一座大型抽水蓄能电站，自1988年8月一期工程开工至2000年3月二期工程完工，8台机组全部并网发电，历时11年。广州抽水蓄能电站的建设创造了当时建设速度世界最快(第一台机组投产仅用了49个月)、全国最早建成(1994年一期建成)、装机容量世界最大、采用当代最先进技术等纪录。2004年10月,惠州抽水蓄能电站主体工程开工,至2009年12月,A厂4台机组全部投产,2011年5月B厂4台机组全部投产。惠州抽水蓄能电站是我国第一座达到周调节性能的抽水蓄能电站。2009年12月,清远抽水蓄能电站主体工程开工,已于2016年机组投产。清远抽水蓄能电站利用两年时间完成了三个阶段的勘测设计,并顺利通过国家审查和核准,创造了抽水蓄能电站报批的"清远速度"。深圳抽水蓄能电站2012年3月主体工程开工,2018年9月25日全面投产,标志着中国内地首座建于超大型城市中的大型抽水蓄能电站全面投产,对粤港澳大湾区经济、社会、生态环境与可持续发展具有重要意义。

大湾区抽水蓄能电站已建装机规模为7280 MW,有力地支撑了大湾区经济社会可持续发展,并为国家培养出一大批蓄能电站技术专家,拥有具有自主知识产权的一系列核心技术,获得了国家科技进步奖、詹天佑土木工程大奖、建国60周年精品工程奖、国家优质工程奖、国家水土保持生态文明工程奖、水电行业优秀规划设计奖和中国水土保持学会优秀设计奖等荣誉。

2.1.3 广东省已有抽水蓄能电站现状及其分布

截止到2021年,广东省已建成抽水蓄能电站4座,装机7280 MW。这些水库参与电网调峰、填谷、调频、调相及紧急事故备用,初步满足华南电网安全稳定运行要求,保证电能质量,提高了"西电东送"综合效益,为粤港澳大湾区社会经济和生态环境的可持续发展提供了基础保障。

已有蓄能电站及水库分述如下。

(1)广州抽水蓄能电站。

广州抽水蓄能电站(以下简称广蓄)位于广东省从化市境内的流溪河上游、南昆山脉北侧,距广州约90 km,是配合大亚湾核电站安全运行和解决华南电网填谷调峰、调相调频和事故备用的一座大型抽水蓄能发电厂。电站总装机容量为2400 MW,分两期建设。一期工程A厂装机容量为4×300 MW,1994年3月竣工;二期工程B厂装机容量为4×300 MW,2000年2月4日并网运行。

电站为一等大(1)型工程,枢纽工程主要水工建筑物有:上、下水库,上库钢筋混凝土面板堆石坝(简称上库坝),下库碾压混凝土重力坝(简称下库坝),A、B厂引水系统,A、B厂地下厂房及其附属洞室群,进厂公路等。电站调节性能为日调节,日调节满发时间为9~13 h,事故备用满发时间为3.85~5.57 h。设计年发电量为48.9亿千瓦·时,年抽水耗电量约为65亿千瓦·时。

(2)惠州抽水蓄能电站。

惠州抽水蓄能电站(以下简称惠蓄)位于广东省惠州市博罗县境内,属东江水系,位于罗浮山脉象头山中,距广州约 112 km,是优化广东电源结构、降低广东电力系统总费用、保证华南电网安全稳定运行、提高和保证电能质量、提高“西电东送”综合效益、参与电网调峰、填谷、调频、调相及紧急事故备用的一座大型抽水蓄能发电厂。电站总装机容量为 2400 MW,2004 年 10 月开工建设,2011 年 5 月 28 日全部机组并网运行。

电站为一等大(1)型工程,枢纽建筑物主要有上下水库、引水隧洞、厂房系统、尾水隧洞和场内永久公路、生活小水库等附属工程。电站调节性能为周调节,设计年发电量为 45.62 亿千瓦·时,年抽水耗电量为60.025 亿千瓦·时。

(3)深圳抽水蓄能电站。

深圳抽水蓄能电站(以下简称深蓄)位于广东省深圳市,距深圳市中心约 20 km,距离香港、大亚湾核电站、岭澳核电站约 25 km。上库位于盐田河流域,下库位于东江流域,属高水头大容量纯抽水蓄能电站,电站承担电力系统调峰、填谷、调频、调相及紧急事故备用等任务。下水库承担深圳供水网络的调蓄任务。电站总装机容量为 1200 MW(4×300 MW),2012 年 3 月开工建设,2018 年全面投产发电。电站属于综合开发项目,兼具抽水发电、城市供水等功能,能满足深圳电网近 1/3 的调峰需求,投产后预计每年可节约标准煤 15.8 万吨、节省天然气 1.83 万吨、减排温室气体 2700 吨。

电站为一等大(1)型工程,枢纽建筑物主要有上、下水库,输水系统,厂房系统和场内永久公路等。电站调节性能为日调节,日调节满发时间为7.14 h,事故备用满发时间为 1.0 h。设计年发电量为 14.57 亿千瓦·时,年抽水耗电量为 18.91 亿千瓦·时。

(4)清远抽水蓄能电站。

清远抽水蓄能电站(以下简称清蓄)位于广东省清远市清新县太平镇境内,与广州直线距离 75 km,距清远市 32 km,是珠江三角洲西北部地区一座高水头大容量纯抽水蓄能电站,承担电力系统调峰填谷、调频调相以及紧急事故备用等任务,能有效替代其他类型电源,改善系统运行条件,优化电源结构,提高电能质量,减少系统总费用,并为系统安全稳定运行提供有力的保障。电站总装机容量为 1280 MW(4×320 MW),2009 年 12 月开工建设,2016 年 8 月 4 日并网运行。

电站为一等大(1)型工程,枢纽建筑物主要有上、下水库,输水系统,厂房系统和场内永久公路等。电站调节性能为日调节,日调节满发时间为 7.72 h,事故备用满发时间为 1.38 h。设计年发电量为 23.316 亿千瓦·时,年抽水耗电量为 30.2825 亿千瓦·时。

已建抽水蓄能电站水库基本特性如表 2-1 所示。

表 2-1　已建抽水蓄能电站水库基本特性

序号	水库名称		所在水系	建设时间	流域面积/(km^2)	发电量/(亿千瓦时)	装机规模/MW	设计标准/(%)	最大坝高/m	设计库容/(万立方米)	投资/亿元
1	广蓄	上水库	珠三角	1994 年	5	48.889	2400	0.1	68	2575	65
		下水库	珠三角	1994 年	13			0.1	43.3	2832	
2	惠蓄	上水库	东江	2011 年	5.22	45.62	2400	0.2	54	2784	74.7
		下水库	东江	2011 年	11.29			0.2	51	2851	
3	清蓄	上水库	北江	2015 年	1.00	23.32	1280	0.2	54	1169.5	45.6
		下水库	北江	2015 年	9.15			0.2	72	1458.3	
4	深蓄	上水库	东江	2015 年	0.62	14.57	1200	0.2	57.6	966.9	42.56
		下水库	东江	2016 年	5.64			0.2	50	2074.1	

2.1.4　广东省抽水蓄能电站发展规划

总能源结构的转型升级要求抽水蓄能占比大幅提高，应统筹优化能源、电力布局和电力系统保安、节能、经济运行水平，以电力系统需求为导向，优化抽水蓄能电站区域布局，加快开发建设。南方地区以服务核电和接受区外电力需要，重点布局在广东。根据国家战略部署，2021 年颁布的《广东省国民经济和社会发展第十四个五年规划和 2035 年远景目标纲要》提出：有序建设抽水蓄能电站，建设阳江、梅州、惠州、云浮、肇庆抽水蓄能电站项目。

《广东省抽水蓄能电站选点规划研究(2017—2030 年)》提出，2030 年广东省应新增抽水蓄能装机规模为 1140 万千瓦，2035 年广东省新增抽水蓄能电站站点约 30 个。东区负荷中心和调峰缺口主要集中在深圳、东莞、惠州、汕头等地区；西区负荷中心和调峰缺口主要集中在广州、佛山、珠海、中山等地区。

因此，根据新能源开发、区域间电力输送情况及电网安全稳定运行要求，应加快推进规划站点建设，建设一批距离负荷中心近、促进新能源消纳、受电端电源支撑的抽水蓄能电站。

区域抽水蓄能电站分布如图 2-1 所示。

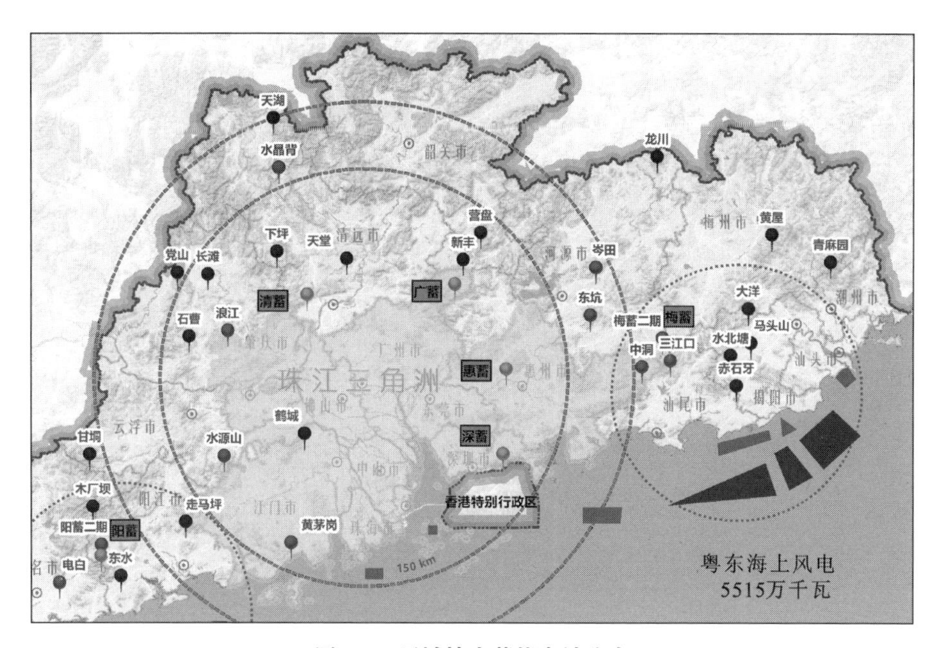

图 2-1　区域抽水蓄能电站分布

广东省围绕粤港澳大湾区全面建设国际一流湾区和世界级城市群的目标，把构建坚强安全的电力供应保障，优化绿色低碳的电力供应结构，推动电力体制机制创新，促进粤港澳三地能源和电力广泛互利合作，努力构建清洁低碳、安全高效、智慧创新、共享互融的现代能源体系，作为新时代改革开放的总纲要。加强推进粤港澳大湾区电力发展的统筹协调，是粤港澳大湾区建设世界级城市群的重要保障。根据粤港澳大湾区相关电力发展规划，粤港澳大湾区将全面建成世界一流智能电网，并具备以下特点和功能：基本形成容量充足、结构清晰、运行高效、事故可控的主网架结构；可进一步提升电网资源配置能力和互联互通水平；可使大湾区“源网荷储”综合防灾保障体系运转顺畅，极端自然灾害情况下城市核心区域、关键用户可实现不停电、少停电；大湾区全区供电可靠性不低于99.999%，客户年均停电时间低于5分钟，建成灵活可靠的城镇配网，实现普遍智慧用电，为粤港澳大湾区建设世界级城市群提供相匹配的全面电力保障。为保障全面建成世界一流湾区，建设合理规模的抽水蓄能电站是解决电网调峰问题、提高综合调节能力、保障电网运行安全以及促进各类电源经济运行的重要手段，同时也是促进粤港澳大湾区能源安全保障和能源存储体系建设的需要。

2.1.5 水库消落带的定义、分类及生态功能

1. 水库消落带的定义及范围

国内外研究学者普遍认为，消落带是指河流、湖泊、水库周边周期性被水淹没或露出成陆的区域，处于水生生态系统和陆生生态系统交替控制的过渡地带，是一种特殊的生物地理带。但至今还没有文献明确水库消落带的范围及与水库各特征水位之间的关系。

有学者根据利用时间的长短将水库消落带土地分为常年利用区、季节性利用区和临时性利用区等 3 个区域，如图 2-2 所示。水库消落带范围应为淹没土地征用线水位与死水位两个水位之间的岸坡范围。按《水利水电工程建设征地移民安置规划设计规范》(SL 290—2009)将一般坝前段的土地征用线按照高于正常蓄水位 0.5～1.0 m 确定。

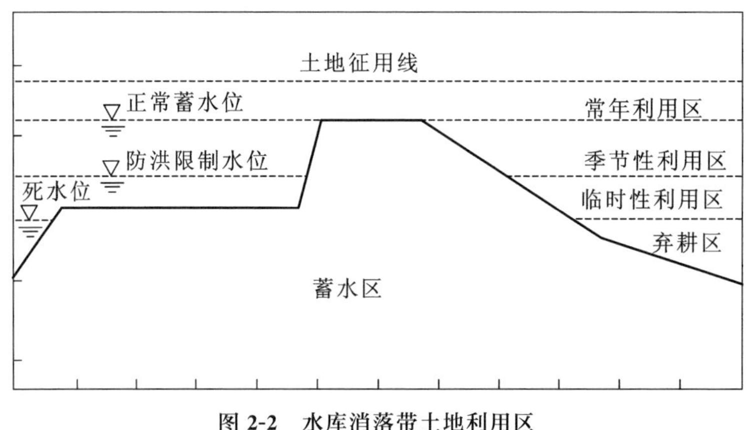

图 2-2 水库消落带土地利用区

消落深度是指水库正常蓄水位与死水位的高程差。正常情况下，水库水位在正常蓄水位和死水位之间变化，消落深度在一定程度上反映水库的性能。在确定的正常蓄水位下，随着水库消落深度的加大，兴利库容及调节流量均随之增加。

由此可以整理得出，水库消落带广义上为土地征用线水位与死水位高程之间的岸坡范围，是水库设计可能达到的最大消落范围；狭义上是指正常蓄水位与死水位高程之间的岸坡范围，是水库正常运行时达到的消落范围。

2. 抽水蓄能水库消落带范围界定

抽水蓄能水库消落深度是指正常蓄水位与死水位间的高差，相应两个水位高程之间的岸坡范围应为消落带范围，水电行业也称其为水位变动区。实际上，广东各水库

建设期均按照《水电工程建设征地移民安置规划设计规范》(DL/T 5064—2007)进行土地征用和清库设计，一般确定为正常蓄水位以下为淹没范围。由此可以得出，实际抽水蓄能水库建成后可能出露的裸露范围应为土地征用线水位以下、死水位以上的面积。而这与广义上的水库消落带范围一致，也是我们植被恢复需要全面关注的范围。

按照水位淹没变化情况，正常蓄水位以上的消落带可参考普通边坡及滨水植被恢复开展工作，正常蓄水位以下的消落带也即目前公认的狭义水库消落带，则是至今学者们研究的热点和难点，也是本研究的重点。

3. 水库消落带的分类

消落带的分类是其研究的基础，由于研究目的、方法以及地域性不同，消落带的分类亦不同。目前，国内研究多以消落带形成的原因、地质地貌特征、坡度等进行分类。按形成原因，消落带可分为自然消落带和人工消落带。自然消落带是水位季节性变化造成水体岸边土地相应地呈现节律性受淹和出露的区域，完全受自然因素影响所形成；人工消落带则是人为过度干扰使水位出现不定期的涨落波动，导致消落带生态系统结构和功能出现紊乱，形成的一种区别于自然消落带的退化生态类型。按地质地貌特征的分类方法主要以 3S 技术为依托，结合野外立地条件划分。按坡度将消落带分为崖岸、陡坡岸、滩坡岸、台(阶)岸。崖岸一般是指坡度＞75°的消落带；陡坡岸指坡度为 25°～75°的消落带；滩坡岸指坡度为 15°～25°的消落带；台(阶)岸指坡度＜15°的消落带。

水库消落带总体上属于人工消落带，本研究从其运行方式对恢复技术的影响角度考虑，认为应从淹没周期和淹没范围两个方面对水库消落带进行分类(见图 2-3)。抽水蓄能水库消落带仅涉及日调节、周调节两种淹没周期类型，以及近水型、浅水型和深水型三种淹没范围类型。

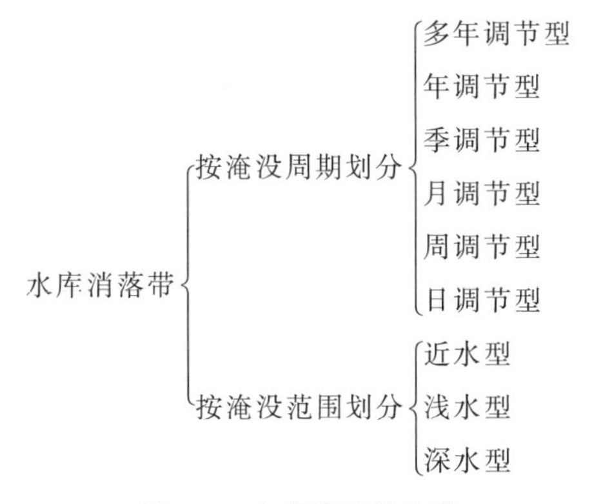

图 2-3　水库消落带分类

4. 抽水蓄能水库消落带的特点

常规水库消落带面积大、范围广、水位涨落缓慢且幅度大；库岸带人口和产业密集，生态脆弱，人类活动与消落区相互作用，人类影响最为频繁与强烈；消落带范围内坡度、土壤及植被情况各有特点。

抽水蓄能水库则主要按照电站运行方式使水位出现周期涨落波动，其消落带具有以下特点。

(1)水陆交替频次高、速度快。

(2)土壤贫瘠板结、团聚能力差。

(3)裸露或局部硬质防护，基本无植被。

(4)面积稍小，一般有环库公路到达。

(5)上下水库消落带交错出露，白昼出露景观差。

可以看出，随抽水蓄能水库运行方式不同，则消落带深度、水淹周期也不同，相应消落带环境生态、景观等均存在差异。针对不同类型进行植被恢复，也就显得尤为重要。

5. 水库消落带的生态功能

水库消落带是介于水域生态系统和陆域生态系统之间的一个重要湿地生态系统，受水陆系统共同作用，其功能体现有以下几个方面。

(1)消落带作为水库水质安全的最后一道屏障，能拦截陆岸水土流失带来的大量泥沙，以消落带植被为主体的消落带湿地生态系统能分解、吸收库区水体中的营养物质，吸收非点源污染物质，减少水库淤积与污染。

(2)消落区组成的多样性和分布的广泛性，为生物创造了多样的生境，巨大的食物链支撑了丰富的生物多样性，形成“生物公园”和“生物走廊”。

(3)库岸的不稳定性比较大，水库蓄水以后受到水流的影响会加大其不稳定程度。消落带植被有固定堤岸的作用，可防止堤岸因河水的冲刷而崩垮。植物的根系可以固定岩土体，枝叶能拦截雨水，减少雨滴对地面的冲溅。植被还可以减少波浪对库岸的冲击，加强库岸的稳定性。

(4)消落带是水库生态景观的重要组成部分，对于以库区水体和峡谷为主题的旅游开发项目起着重要的影响作用；同时也是库区移民生产与生活、库区两岸城镇经济建设与发展的基本要素之一。

2.1.6　水库消落带生态环境影响

与常规水库消落带相比，蓄能水库消落带还具有变幅段大、变动频繁等特点，因此，区域地表裸露，土壤侵蚀和冲刷引起水土流失，进而导致淤泥淤积侵占库容，影响水库旅游及水文化水景观，形成库岸水陆交叉区环境污染带并可能诱发地质灾害。

1. 库岸掏蚀加剧水土流失

水库蓄水运行后，在降水和库水位周期性涨落的水动力作用下，消落带坡面上的植被和土壤结构将被破坏，大部分原有陆生植被由于无法适应生境的迅速变化，覆盖率急剧减少，进一步加剧了库岸的土壤侵蚀。此外，水流波浪对土壤的掏蚀作用加强，加重了消落带的土体流失。抽水蓄能电站水库则更是经过清库处理而消落带植被全无，运行调度形成了下水库、上水库掏蚀频繁等问题。

2. 诱发地质灾害

大部分消落带处于峡谷山区，地层稳定性较差。高水位时，滑坡体将被浸泡在水中，滑移面受水的浸润，黏着阻力降低；在水位回落时，滑坡体将因失去水的浮托而移动。此外，消落带水位的周期性涨落将会掏蚀库岸，生成新的潜在滑坡及崩塌。

3. 生物多样性受损

水库蓄水后，消落带由原来的陆生生态系统演变为季节性湿地生态系统，会出现新的物种或者发生物种变异，与此同时，原来适应陆生环境生长的物种将逐步消亡，而适应水生环境生长的物种又因消落带的季节性出露水面而成活率降低。因此在消落带及其支流回水影响区浅平地方可能只有少量的湿地生物和水生生物群落生长。整个消落带的生物种类将大为减少，生态系统结构和功能简单化，导致生态系统脆弱性增强。

4. 库区水景观水文化受损

随着人们生活水平和社会生态文明需求的提高，水库因其依山傍水、风景秀美的资源特色，正逐步成为人们度假休闲的首选，而消落带出露时泥土裸露、岸坡滑塌、土壤流失、水质污染等现象严重影响水景观，也与周边城市景观极不协调。

5. 水陆交叉区的环境污染

消落带作为水域和陆地环境系统之间的过渡地带，受水位周期性涨落的影响，是生态系统中物质、能量的输移和转化的活跃地带，受到来自水陆两个界面的交叉污染。

库区在汛期低水位运行期间，库岸周边土壤侵蚀产生的泥沙、水中的垃圾废物、工业废水和生活污水等，加上消落带土地季节性利用产生的面源污染物都将会在消落带，形成岸边污染带。

6. 土地利用导致水体富营养化

水库蓄水运行后，不同高程水位运行下将产生不同面积的消落带出露，人们会因利益驱动自发地利用消落带土地，导致土层中的营养元素从土层中淋溶出来并随地表径流进入水体中，造成水体富营养化。同时，水库水流流速较慢，水体自净化能力较弱，在夏季极易造成水藻的迅速生长，发生水华而造成水体水质恶化。

2.2 典型抽水蓄能水库消落带调查分析

2.2.1 广州抽水蓄能上水库

(1)水库简况。

上水库位于广东省广州从化市吕田镇陈禾洞,坝址以上集水面积为5 km^2,多年平均流量为 0.209 m^3/s,正常蓄水位为 816.8 m,相应库容为 2575 万立方米,死水位 797.0 m,相应库容为 1684×10^4 m^3。上水库坝为混凝土面板堆石坝,最大坝高为 68 m,溢洪道为岸边侧槽式。水库于 1988 年动工建设,1993 年完工。大坝为 1 级建筑物,按 1000 年一遇洪水设计,10000 年一遇校核。水库工程特性表见表 2-2。

表 2-2 广蓄上水库工程特性

序号	序号及名称	数量
1	坝址以上集水面积/km^2	5
2	校核洪水位(0.01%)/m	818.53
3	设计洪水位(0.1%)/m	818.16
4	正常蓄水位/m	816.8
5	死水位/m	797
6	正常库容/(万立方米)	2575
7	死库容/(万立方米)	1684
8	最大消落深度/m	19.8

(2)库区及消落带资源状况。

①水文气象。

库区属于南亚热带季风气候,光照充足,热量丰富。多年平均降雨量为 2027 mm,平均气温为 21.4 ℃。相对湿度为 78%～82%,平均风速为2.5 m/s。

②土壤植被。

库区地带性土壤为山地草甸潜育土和山地红壤,自然土壤平均含氮量为 0.178%,有效磷浓度为 12.3 ppm①,有机质含量为 3.6%,pH 值为 4.65。土层肥力较高,土壤透

① 此处未采用国际单位,全书后同。

水性好，抗蚀性能强。土壤养分测定见表 2-3。

表 2-3　土壤养分测定

采样断面	pH 值	全氮/(%)	全磷/(%)	全钾/(%)	碱解氮/ppm	有效磷/ppm	速效钾/ppm	有机质/(%)
佛公坳	4.65	0.178	0.101	0.241	94.5	12.3	57.1	3.60
山塘	4.11	0.133	0.046	0.389	94.9	12.8	106.1	2.43
花岭	4.19	0.079	0.052	0.815	59.5	11.2	52.4	1.37

库区典型的植被类型为亚热带常绿阔叶林，现有植被为人工次生林植被，初步调查有 20 多种植物，以壳斗科为主。林下地被较丰富，郁闭度达 0.9 以上，有良好的水土保持作用。

(3)库区水质检测。

1988 年，按丰、枯水期从水库分别取水样检测。结果表明，水体感官性良好，无肉眼可见物，实测总硬度、pH 值符合生活饮用水标准；重金属基本未检出，溶解氧检出浓度大于 7.2 mg/L，生化需氧量和化学需氧量较低，含氮量符合国家标准。

(4)库岸稳定及防护。

库区基岩中未发现不利于边坡稳定的断裂构造，沉积岩岩层倾角大，库区基岩稳定，不会发生滑坡。库区上游段地形开阔，坡度较缓，土层较薄，下游段地形较陡(约 30°)，土层较厚，坡积层土内摩擦角为 27°～32°，本身较稳定。水库蓄水运行后水位日变幅达 10 多米，可能局部会有小塌方。

根据广州抽水蓄能电站经验，库周公路、开挖边坡及填土边坡在没有防护措施条件下，经雨水作用可能产生局部坍塌或滑坡，但经过护坡和完善排水设施后，边坡稳定，未发生明显的边坡失稳现象。

2.2.2　广州抽水蓄能下水库

(1)水库简况。

水库位于广东省广州从化市吕田镇小杉村，下水库坝址以上集水面积为 13 km^2，多年平均流量为 0.544 m^3/s，正常蓄水位为 287.4 m，相应库容为 2832 万立方米，死水位为 275 m，相应库容为 1711 万立方米。下水库坝为碾压混凝土重力坝，最大坝高为 43.3 m，溢流坝段设 2 孔宽 9 m 的溢流孔。水库于 1988 年动工建设，1993 年完工。大坝为 1 级建筑物，按 1000 年一遇洪水设计，10000 年一遇校核。工程特性表见表 2-4。

表 2-4 广蓄下水库工程特性

序号	参数	数量
1	坝址以上集雨面积/km^2	13
2	校核洪水位(0.01%)/m	290.04
3	设计洪水位(0.1%)/m	289.61
4	正常蓄水位/m	287.4
5	死水位/m	275
6	正常库容/(万立方米)	2832
7	死库容/(万立方米)	1711
8	最大消落深度/m	12.4

(2)库区及消落带资源状况。

①水文气象。

库区属于南亚热带季风气候，光照充足，热量丰富。多年平均降雨量为 2027 mm，多年平均气温为 21.4 ℃。相对湿度为 78%～82%，平均风速为2.5 m/s。

②土壤植被。

库区地带性土壤为潜育性水稻土及有机质厚层赤红壤，土质属中壤土，强酸性反应，土壤养分属于中等水平。平均含氮量为 0.1%，有效磷含量为 11.2 ppm，有机质含量为 1.37%，pH 值为 4.19。土层肥力较高，抗蚀性能较强。

项目所在地典型植被为亚热带常绿阔叶林。现有植被为人工次生林植被，以壳斗科、竹科、大戟科、樟科为主。除居民点附近有少数开垦的旱坡地外，其林下地被较丰富，郁闭度达 0.9 以上，有良好的水土保持作用。常见的农作物有水稻、花生、番薯等。

(3)水库水质检测。

1988 年，按丰、枯水期从水库分别取水样检测。结果表明，水体感官性良好，无肉眼可见物，实测总硬度、pH 值符合生活饮用水标准；重金属基本未检出，溶解氧检出浓度大于 7.2 mg/L，生化需氧量和化学需氧量较低，含氮量符合国家标准。

(4)库岸稳定及防护。

库岸边坡在正常蓄水位水下坡度较缓，一般在 10°～20°，被坡积层和冲积层所覆盖，局部地段(如坝址上游)坡度在 30°～35°，已属于岩质边坡。水位在日变幅 8 m 的情况下，不会产生大规模滑坡。

2.2.3 惠州抽水蓄能上水库

(1)水库简况。

范家田上水库总库容为3573.8万立方米，有效库容为2739.7万立方米，水库水位最大消落深度为22 m，设计正常蓄水位为762.0 m，死水位为740.0 m。上水库由一座主坝、四座副坝及库岸防渗系统(三个垭口和一个条形山)等组成。主坝为碾压混凝土重力坝，坝顶长195.779 m，最大坝高53.1 m；副坝一为混凝土重力挡墙(上游碾压堆石护坡)，最大坝高14 m；副坝二、三、四均为黏土心墙堆石坝，最大坝高分别为39.80 m、23.81 m、27.68 m。水库于2005年动工建设，2007年完工。大坝为1级建筑物，按500年一遇洪水设计，5000年一遇校核，校核洪水位为764.09 m。上水库工程特性表见表2-5。

表2-5 惠蓄上水库工程特性

序号	参数	数量
1	坝址以上集雨面积/km²	5.22
2	校核洪水位(0.02%)/m	764.09
3	设计洪水位(0.2%)/m	763.64
4	正常蓄水位/m	762.0
5	死水位/m	740.0
6	正常库容/(万立方米)	3171
7	死库容/(万立方米)	431.36
8	最大消落深度/m	22

(2)库区及消落带资源状况。

①水文气象。

该地区属南亚热带季风气候，降雨充沛，气温高，湿度大，日照时间长，蒸发量大，无霜期长。平均降雨量为1800～2700 mm。雨量较丰沛，但年内分配不均匀，4～9月占全年降雨量的80%以上，4～6月多为锋面雨，7～9月多为台风雨。多年平均气温为21.8 ℃，极端最高气温为38.2 ℃，极端最低气温为－2.4 ℃，多年平均相对湿度为80%，多年平均风速为1.6～2.4 m/s，风向以东风和东南风居多。多年平均蒸发量为1200～1400 mm。

上水库水系属东江流域小金河上游，河流流量变化与季节变化相关，4～9月为丰水期，当年10月～次年3月为枯水期。小金河发源于博罗县象头山东麓，全长33 km，集雨面积为116 km^2，多年平均径流量为0.6亿立方米，于惠城区丰文凹汇入东江。

②土壤植被。

水库土壤多为花岗岩发育的赤红壤，山地黄壤、山地红壤有少量分布，土层深厚。上库地貌类型属低山，是第三纪形成的剥蚀夷平面内的山间盆地。

上库区在象头山国家级自然保护区范围内，植被保护良好，绝大部分为天然次生阔叶林和针阔混交林。植物种类丰富，有属于国家和地方重点保护的树种，如桫椤、黑桫椤、金毛狗、土沉香、绣球茜草、苏铁蕨等。

(3)水库水质检测。

根据2000年采样检测结果，挥发酚、总锰、石油类未检出，其余指标均达到国家《地表水环境质量标准》中Ⅰ类和Ⅱ类水质标准的要求(见表2-6)。

表2-6 水质监测结果

序号	指标	采样点	
		大坝	库盆
1	水温/(℃)	20.0	20.0
2	pH值	7.10	6.98
3	溶解氧/(mg/L)	8.10	8.04
4	COD_{Mn}/(mg/L)	4.00	3.92
5	BOD_5/(mg/L)	2.4	2.6
6	氨氮/(mg/L)	0.21	0.20
7	NO_2^--N/(mg/L)	0.004	0.004
8	NO_3^--N/(mg/L)	0.550	0.250
9	总氮/(mg/L)	1.072	0.643
10	挥发酚/(mg/L)	—	—
11	总磷/(mg/L)	0.084	0.176
12	总铁/(mg/L)	0.253	0.264
13	总锰/(mg/L)	—	—
14	石油类/(mg/L)	—	—

(4)水库土壤检测。

2000 年对底泥采样检测分析结果详见表 2-7。结果显示,pH 值在 5.49～5.52,属酸性土。TP、TN、有机质、Fe、Mn 的含量都是按 1＃、2＃、4＃的顺序逐渐降低。其中,1＃和 2＃的 TP、TN 与一般土壤水平差不多,处于中等水平,而 4＃则低于一般水平;1＃的有机质含量和 2＃的有机质含量高于一般土壤水平,4＃则处于中下水平;Fe 含量和 Mn 含量低于一般土壤的水平。4＃是粗砂土,各元素含量最低。

表 2-7 底泥分析结果

<table>
<tr><th colspan="2">指标</th><th>1＃</th><th>2＃</th><th>4＃</th></tr>
<tr><td colspan="2">pH 值</td><td>5.52</td><td>5.49</td><td>5.51</td></tr>
<tr><td colspan="2">TP/(mg/kg)</td><td>559.01</td><td>538.67</td><td>280.12</td></tr>
<tr><td colspan="2">TN/(mg/kg)</td><td>760.1</td><td>530.2</td><td>241.8</td></tr>
<tr><td colspan="2">有机质/(%)</td><td>9.45</td><td>8.07</td><td>2.95</td></tr>
<tr><td colspan="2">Fe/(mg/kg)</td><td>26.92</td><td>11.66</td><td>1.13</td></tr>
<tr><td colspan="2">Mn/(mg/kg)</td><td>51.82</td><td>35.04</td><td>21.94</td></tr>
<tr><td rowspan="5">机械组成/(%)</td><td>0.05～0.01 mm</td><td>28.11</td><td>10.99</td><td>3.50</td></tr>
<tr><td>0.01～0.005 mm</td><td>0</td><td>3.00</td><td>1.50</td></tr>
<tr><td>0.005～0.001 mm</td><td>1.62</td><td>0</td><td>0</td></tr>
<tr><td><0.001 mm</td><td>9.73</td><td>18.00</td><td>11.50</td></tr>
<tr><td>>0.05 mm</td><td>60.54</td><td>69.00</td><td>83.50</td></tr>
<tr><td colspan="2">质地</td><td>细砂土</td><td>细砂土</td><td>粗砂土</td></tr>
</table>

(5)库岸稳定及防护。

本电站位于罗浮山脉南缘中山、低山的象头山山地中。上水库海拔约 800 m、第三纪形成的剥蚀夷平面内的山间盆地中,附近最高峰蟹眼顶海拔为 1023.7 m。上水库蓄水后,库区植被覆盖良好,岸坡较缓,山坡坡度为20°～25°,局部达 30°,边坡高度为中低边坡。库岸多为花岗片麻岩和花岗岩组成,未发现明显的顺坡向断层或不稳定的边坡。水库四周山坡植被发育对防止表层土被剥蚀起到很好的保护作用。项目对库岸公路填方边坡进行砌石拱架防护处理,对单薄分水岭距主坝左坝肩约 100 m 范围进行加固处理,水库蓄水后未发生大规模的库岸边坡失稳。

2.2.4 惠州抽水蓄能下水库

(1)水库简况。

礤头下水库集雨面积为 11.29 km^2,水库校核洪水位为 234.67 m,总库容为

3827.1 万立方米，正常蓄水位为 231.00 m，相应库容为 3190.47 万立方米，有效库容为 2766.6 万立方米，水库最大消落深度为 26.0 m。下水库由一座主坝和一座副坝组成。主坝为碾压混凝土重力坝，坝顶长 450 m，最大坝高 55.17 m，副坝为黏土心墙堆石坝，坝顶长 220 m，最大坝高 27.86 m。下水库于 2005 年动工建设，2007 年完工。大坝为 1 级建筑物，按 500 年一遇洪水设计，5000 年一遇校核，校核洪水位为 234.67 m，总库容为 3827.1 万立方米。下水库工程特性表见表 2-8。

表 2-8　惠蓄下水库工程特性

序号	序号及名称	数量
1	坝址以上集雨面积/km^2	11.29
2	校核洪水位(0.02%)/m	234.67
3	设计洪水位(0.2%)/m	234.05
4	正常蓄水位/m	231.00
5	死水位/m	205
6	正常库容/(万立方米)	3190.47
7	死库容/(万立方米)	423.87
8	最大消落深度/m	26.0

(2)库区及消落带资源状况。

①水文气象。

下水库地处北回归线以南，属南亚热带季风气候区，由于靠近海洋，海洋性气候比较明显。常年温暖多雨，光热充足，水热同季，年均降雨量为 1800 mm，多集中在 4～9 月，年均气温为 21.8 ℃，极端最低温度达－2.4 ℃，极端最高温度达 38.2 ℃，无霜期长，蒸发量大，雨季与高热同期，形成了良好的物候，为植物的生长提供了良好的气候条件。下水库建在榕溪沥流域源头区域，榕溪沥全长 26.0 km，流域面积为 125.0 km^2，向南流经附近城镇后汇入东江。

②土壤植被。

库区段地带性土壤多为花岗岩发育的赤红壤，山地黄壤、山地红壤有少量分布，土层深厚。下库地貌类型属低山、丘陵山间盆地，海拔约为 230 m，坡度为 15°～35°。

下库区主要为人工植被和次生植被，库区内常见的主要植被类型有马尾松林、湿地松林、针阔混交林、阔叶林、针叶混交林、经济林等；主要乔木树种有马尾松、湿地松及茶科、樟科、壳斗科、桑科、大戟科、杜鹃科、芸香科、冬青科等 50 余科的种类；灌木有黄牛木、桃金娘、岗柃、岗松、酸藤子、了哥王、毛稔、野牡丹、柃木、鬼灯笼、龙船花、野山漆、三叉苦、白背叶、算盘子、变叶树参等；草本有芒箕、鸭咀草、大芒、小芒、鹧鸪草、地稔、海金沙及多种蕨类等。

(3)库区水质检测。

从 2000 年 4 月 25 日采样检测结果来看，下水库挥发酚、总锰、石油类未检出，测值均达到国家《地表水环境质量标准》中Ⅰ类和Ⅱ类水质标准的要求(见表 2-9)。

表 2-9　下水库水质检测结果

序号	指标	采样点	
		下礤头	上礤头
1	水温/℃	22.0	22.0
2	pH 值	7.18	7.22
3	溶解氧/(mg/L)	10.04	10.07
4	COD_{Mn}/(mg/L)	2.16	2.38
5	BOD_5/(mg/L)	1.28	1.34
6	氨氮/(mg/L)	0.24	0.20
7	NO_2^--N/(mg/L)	0.006	0.006
8	NO_3^--N/(mg/L)	0.314	0.301
9	总氮/(mg/L)	0.543	0.596
10	挥发酚/(mg/L)	—	—
11	总磷/(mg/L)	0.028	0.046
12	总铁/(mg/L)	0.094	0.080
13	总锰/(mg/L)	—	—
14	石油类/(mg/L)	—	—

(4)库岸稳定及防护。

下库四周以中低山为主，除在坝址东侧存在两个低矮垭口外，其余地段山体较完整雄厚，主要由燕山四期($\gamma_5^{3(1)^*}$)花岗岩和加里东期($P_{\gamma3}$)花岗片麻岩组成，局部分布 P_{z1} 深变质石英岩。库岸山坡在正常高蓄水位附近较平缓，植被发育良好，蓄水后未产生大规模库岸失稳和严重渗漏现象。

下水库副坝为黏土心墙堆石坝，坝顶长 247.0 m，宽 7 m，坝顶高程为 237.36 m。坝体上游边坡坡率为 1∶2.75，下游边坡坡率为 1∶2.0。上、下游坡面均设干砌石护坡，上游防浪墙为花槽(顶部高程为 238.01 m)。副坝左岸场地建成为生活区，根据现场情况和生活区场地的地质条件，左岸防渗墙改为沿公路侧边往上游库岸方向延伸 85.6 m。

2.2.5 清远抽水蓄能上水库

(1)水库简况。

上水库位于太平镇秦建村，即场区西北部高程约为 600 m 的甘竹顶山间盆地，集雨面积为 1.001 km^2。上水库总库容为 1179.8 万立方米，有效库容为 1054.5 万立方米，水库水位最大消落深度为 25.5 m，相应的设计正常蓄水位为 612.5 m，死水位为 587.0 m。上水库建筑物包括一座主坝、六座副坝、泄洪洞结合放水底孔及生态放水管、库周防渗处理、坝顶连接公路等。上水库于 2009 年动工建设，2013 年 4 月下闸蓄水。上水库设计洪水标准采用 500 年一遇设计、5000 年一遇校核。上水库工程特性表见表 2-10。

表 2-10 清蓄上水库工程特性

序号	参数	数量
1	坝址以上集雨面积/km^2	1.001
2	校核洪水位(0.02%)/m	613.30
3	设计洪水位(0.2%)/m	613.13
4	正常蓄水位/m	612.5
5	死水位/m	587.0
6	正常库容/(万立方米)	1131.8
7	调节库容/(万立方米)	1054.5
8	死库容/(万立方米)	77.3
9	最大消落深度/m	25.5

(2)库区及消落带资源状况。

①水文气象。

上水库汇水区域天然状况下分两支，分别属于滨江和秦皇河两个流域。其中 0.601 km^2 面积水域属于北江一级支流秦皇河，0.4 km^2 面积水域流入滨江支流骆坑河，这部分水量被引水发电后也流入秦皇河。秦皇河发源于清远市清新县秦皇镇花捍顶，至回澜镇正江口汇入北江，河长 32 km，集雨面积为 136 km^2，平均坡降为 9.7‰。滨江是北江中下游一条较大的一级支流，发源于清新县石潭镇大雾山，自北向南贯穿清新县全境，至清新回澜镇飞水口汇入北江，河长 97 km，流域面积为 1728 km^2，其集雨面积为 100 km^2。滨江以上的二级支流有青龙寨水、黄洞水、石坎水、炳水、坝仔水等。

工程所在地位于北回归线以北，属南亚热带季风气候，雨量充沛，冬季温暖，夏季多雨，4—6月多为锋面雨，7—9月多为台风雨，4—9月雨量占全年的80%以上。降雨来源为西南方印度洋的孟加拉湾、东南方的太平洋和南部的南海。多年平均年降雨量为2180 mm，年际变化较大，最大年降雨量和最小年降雨量之比为2.44。工程所在区域气候比较湿润，多年平均相对湿度为77%，多年平均气温为21.7 ℃，多年平均积温为7916.7 ℃，多年平均风速为1.7 m/s，多年平均日照时数为1669.9 h，多年平均水面蒸发量为1306.15 mm。

②土壤植被。

甘竹顶库盆地势平坦，地面高程一般在570 m以上，库盆四周为中低山环绕，植被较好，分水岭高程为600～745 m。上水库在550～600 m高程的夷平面上经长期剥蚀而成，正常蓄水位以下库岸山坡坡度为15°～20°，地形平缓开阔，植被发育良好。工程所在区域及其周边的土壤成土母质主要有砂岩、花岗岩、石灰岩、冲积物。形成的土壤有红壤、赤红壤、石灰土、水稻土、潮砂泥土、菜园土等，土壤垂直分布明显。项目区以红壤、赤红壤为主，红壤分布在海拔为250 m以上的山地，土层较深，有机质含量充足，肥力中等。

上水库岸坡植被情况良好，常绿针叶林主要为马尾松林和杉木林，主要分布于海拔为400～500 m光照充足的山脊及山坡；常绿灌丛植被类型主要分布在上库区，海拔为500 m以上山脊；常绿阔叶林则广布于项目全区。

(3)水库水质检测。

根据2015年11月采样检测结果，蓄水初期上水库各监测点位各项监测项目均达标，上库水域地表水水质各项指标均满足对应的《地表水环境质量标准》(GB 3838—2002)Ⅲ类水质要求。相关水质检测结果见表2-11。

表2-11　上水库水质监测

项目	上库					(GB 3838—2002)Ⅲ类标准值
	A		B		C	
	水面下0.5 m	水底上0.5 m	水面下0.5 m	水底上0.5 m		
水温/℃	16	15.8	16.3	16.2	15.9	—
溶解氧/(mg/L)	7	6.8	7	7.3	6.9	≥3
pH值	6.85	6.85	6.91	6.9	6.95	6～9
化学需氧量/(mg/L)	10_L	10_L	10_L	10_L	10_L	30

续表

项目	上库					(GB 3838—2002) Ⅲ类标准值
	A		B		C	
	水面下 0.5 m	水底上 0.5 m	水面下 0.5 m	水底上 0.5 m		
BOD_5/(mg/L)	2.4	2.6	2.1	1.9	3.1	6
高锰酸盐指数/(mg/L)	0.8	1	1.2	0.9	1.3	10
氰化物/(mg/L)	0.001_L	0.001_L	0.001_L	0.001_L	0.001_L	0.2
挥发酚/(mg/L)	0.0003_L	0.0003_L	0.0003_L	0.0003_L	0.0003_L	0.01
总磷/(mg/L)	0.01_L	0.01_L	0.01_L	0.01_L	0.01_L	0.1
氨氮/(mg/L)	0.027	0.055	0.025_L	0.034	0.049	1.5
总氮/(mg/L)	1.07	0.96	0.78	1.06	1.05	1.5
阴离子表面活性剂/(mg/L)	0.05_L	0.05_L	0.05_L	0.05_L	0.05_L	0.3
硫化物/(mg/L)	0.005_L	0.005_L	0.005_L	0.005_L	0.005_L	0.5
氟化物/(mg/L)	0.48	0.17	0.32	0.09	0.2	1.5
总砷/(mg/L)	$2\times10^{-4}{}_L$	6×10^{-4}	$2\times10^{-4}{}_L$	7×10^{-4}	$2\times10^{-4}{}_L$	0.1
总硒/(mg/L)	$2\times10^{-4}{}_L$	$2\times10^{-4}{}_L$	$2\times10^{-4}{}_L$	$2\times10^{-4}{}_L$	$2\times10^{-4}{}_L$	0.02
粪大肠杆菌/(个/L)	未检出	未检出	未检出	未检出	未检出	20000
总铅/(mg/L)	0.05_L	0.05_L	0.05_L	0.05_L	0.05_L	0.05
总镉/(mg/L)	0.003_L	0.003_L	0.003_L	0.003_L	0.003_L	0.005
总汞/(mg/L)	$1\times10^{-5}{}_L$	1.7×10^{-4}	$1\times10^{-5}{}_L$	1×10^{-4}	2.1×10^{-4}	0.001
六价铬/(mg/L)	0.004_L	0.004_L	0.004_L	0.004_L	0.004_L	0.05

注:表中下标 L 表示低于检出限数值。

(4)库岸稳定及防护。

上水库在 550～600 m 高程的夷平面上经长期剥蚀而成,地形平缓开阔,植被发育良好,未发现不稳定边坡。正常蓄水位以下库岸山坡坡度为 15°～20°,取土样室内试验饱和快剪强度指标平均值:坡积层 $C=22.8$ kPa,$\phi=25.0°$,全风化 $C=18.0$ kPa,$\phi=27.4°$,内摩擦角均大于自然坡角。预测水库蓄水后不会产生大规模的库岸失稳现象。

2.2.6 清远抽水蓄能下水库

(1)水库简况。

下水库位于太平镇麻竹脚,即上水库东南侧近南北向沟谷上,距上水库约 2000 m,在大秦水库上游,集雨面积为 9.146 km^2。下水库总库容为1495.32 万立方米,有效库容为 1058.0 万立方米,水库水位最大消落深度为 29.7 m,相应的设计正常蓄水位为 137.7 m,死水位为 108.0 m。下水库建筑物包括挡水坝、泄洪洞及放水底孔、库岸防护处理等。下水库于 2009 年动工建设,2014 年 8 月下闸蓄水。下水库设计洪水标准采用 500 年一遇设计、5000 年一遇校核,由一座大坝和泄洪洞组成。水库工程特性表见表 2-12。

表 2-12　清蓄下水库工程特性

序号	参数	数量
1	坝址以上集雨面积/km^2	9.146
2	校核洪水位(0.02%)/m	142.45
3	设计洪水位(0.2%)/m	141.85
4	正常蓄水位/m	137.7
5	死水位/m	108.0
6	正常库容/(万立方米)	1217.0
7	调节库容/(万立方米)	1058.0
8	死库容/(万立方米)	158.9
9	最大消落深度/m	29.7

(2)库区及消落带资源状况。

①水文气象。

下水库汇水区域全部属于秦皇河。工程所在地位于北回归线以北,属南亚热带季风气候,雨量充沛,冬季温暖,夏季多雨,4—6 月多为锋面雨,7—9 月多为台风雨,4—9 月雨量占全年的 80%以上。多年平均年降雨量为2180 mm,年际变化较大,最大年降雨量和最小年降雨量之比为 2.44。工程所在区域气候比较湿润,多年平均相对湿度为 77%,多年平均气温为21.7 ℃,多年平均积温为 7916.7 ℃,多年平均风速为 1.7 m/s,多年平均日照时长为 1669.9 h,多年平均水面蒸发为 1306.15 mm。

②土壤植被。

下水库库盆主要由一条狭长型山间盆地组成,呈条带状南北向展布,地形上受断层 f_{21}、f_{19} 控制形成,为峡谷型水库。地形总体上呈北高南低,库尾河床高程约为

130 m，坝址处河床高程为 77 m。山坡坡度为 30°～40°，库岸大部分范围坡角大于土层内摩擦角，库水涨落时坡度较陡地段可能会产生失稳现象。下水库库盆地面高程一般在 80 m 以上，东、北、西三面为中低山，山坡较陡，植被较好，分水岭高程为 300～638 m。下水库土壤分布以赤红壤为主，在溪河两岸的阶地上分布着少量的沉积土，库盆内有水稻土零星分布，土层较深，有机质含量充足，肥力中等。

项目区原生地带性植被为南亚热带常绿阔叶林，目前存在的植被主要以次生阔叶林为主，还有面积比较大的人工麻竹林和人工杉木林。项目区植被生长茂盛，植被覆盖率在 85%以上。

(3)库区水质检测。

根据 2015 年 11 月采样检测结果，蓄水初期下水库各监测点位各项监测项目均达标，下库水域地表水水质各项指标均满足对应的《地表水环境质量标准》(GB 3838—2002)Ⅲ类水质要求。相关水质检测结果见表 2-13。

表 2-13　下水库水质监测

项目	下库							(GB 3838—2002)Ⅲ类标准值
	A		B		C	D		
	水面下0.5 m	水底上0.5 m	水面下0.5 m	水底上0.5 m		水面下0.5 m	水底上0.5 m	
水温/℃	17.5	16.9	17.2	17	18.3	18.5	18.3	—
溶解氧/(mg/L)	7.1	7	7.2	6.4	6.8	6.8	7	≥3
pH 值	6.83	6.93	6.74	6.8	6.92	6.54	6.67	6～9
化学需氧量/(mg/L)	10_{L}	10_{L}	10_{L}	10_{L}	14	10_{L}	15	30
BOD_5/(mg/L)	2.8	2.7	3	2.6	3.5	2.9	3.6	6
高锰酸盐指数/(mg/L)	1.4	1.2	1	0.8	1	1.2	1.1	10
氰化物/(mg/L)	0.001_{L}	0.001_{L}	0.001_{L}	0.001_{L}	0.001_{L}	0.001_{L}	0.001_{L}	0.2
挥发酚/(mg/L)	0.0003_{L}	0.0003_{L}	0.0003_{L}	0.0003_{L}	0.0003_{L}	0.0003_{L}	0.0003_{L}	0.01
总磷/(mg/L)	0.01_{L}	0.01_{L}	0.01_{L}	0.01_{L}	0.01_{L}	0.01_{L}	0.01_{L}	0.1
氨氮/(mg/L)	0.034	0.025_{L}	0.039	0.033	0.033	0.054	0.039	1.5
总氮/(mg/L)	1.06	0.87	0.96	0.89	1.02	1.15	1.34	1.5

续表

项目	下库							(GB 3838—2002) Ⅲ类标准值
	A		B		C	D		
	水面下 0.5 m	水底上 0.5 m	水面下 0.5 m	水底上 0.5 m		水面下 0.5 m	水底上 0.5 m	
阴离子表面活性剂/(mg/L)	0.05_L	0.05_L	0.05_L	0.05_L	0.05_L	0.05_L	0.05_L	0.3
硫化物/(mg/L)	0.005_L	0.005_L	0.005_L	0.005_L	0.005_L	0.005_L	0.005_L	0.5
氟化物/(mg/L)	0.52	0.08	0.25	0.14	0.24	0.23	0.13	1.5
总砷/(mg/L)	$2\times10^{-4}_{L}$	6×10^{-4}	7×10^{-4}	$2\times10^{-4}_{L}$	7×10^{-4}	$2\times10^{-4}_{L}$	8×10^{-4}	0.1
总硒/(mg/L)	$2\times10^{-4}_{L}$	$2\times10^{-4}_{L}$	$2\times10^{-4}_{L}$	$2\times10^{-4}_{L}$	$2\times10^{-4}_{L}$	$2\times10^{-4}_{L}$	$2\times10^{-4}_{L}$	0.02
粪大肠杆菌/(个/L)	未检出	未检出	未检出	未检出	未检出	未检出	未检出	20000
总铅/(mg/L)	0.05_L	0.05_L	0.05_L	0.05_L	0.05_L	0.05_L	0.05_L	0.05
总镉/(mg/L)	0.003_L	0.003_L	0.003_L	0.003_L	0.003_L	0.003_L	0.003_L	0.005
总汞/(mg/L)	$1\times10^{-5}_{L}$	2.9×10^{-4}	2.9×10^{-4}	$1\times10^{-5}_{L}$	2.3×10^{-5}	$1\times10^{-5}_{L}$	1.4×10^{-4}	0.001
六价铬/(mg/L)	0.004_L	0.004_L	0.004_L	0.004_L	0.004_L	0.004_L	0.004_L	0.05

注：表中下标 L 表示低于检出限数值。

(4)库岸稳定及防护。

下水库消落带边坡以坡积层、全风化土质边坡为主，库岸部分地形较陡，水库蓄水运行过程可能引起局部坍塌，因此对自然边坡坡度大于 30°、河床至正常蓄水位以上 1 m 范围进行挖顶卸载及混凝土格梁结合锚杆护坡等库岸防护。生活区位置采用挖顶卸载方案，开挖高程至 150.0 m，边坡坡率修整至 1∶1.5，其他不稳定区域采用混凝土格梁结合锚杆护坡和坡脚压重结合混凝土格梁及锚杆护坡，混凝土格梁尺寸为 500 mm×500 mm，间距为2.5 m×4.5 m，锚杆采用 Φ28，间距为 2.5 m×2.25 m，混凝土格梁之间填筑干砌石，干砌石厚度为 300 mm，坡脚压重高程填筑至死水位 108.0 m，填筑宽度为 20 m。

2.2.7 深圳抽水蓄能上水库

(1)水库简况。

上水库位于广东省深圳市盐田区的小三洲处,毗邻香港特别行政区,站址距深圳市中心约 20 km、距盐田镇 3.5 km。小三洲为一山顶盆地,在盐田河上游,属海湾水系。上水库总库容为 983.0 万立方米,水库水位最大消落深度为 24.81 m,正常蓄水位为 526.81 m,死水位为 502.0 m。上水库于 2012 年 12 月动工建设,2015 年 5 月下闸蓄水。上水库设计洪水标准采用 500 年一遇设计、5000 年一遇校核。枢纽建筑物包括 1 座主坝、5 座副坝,其中主坝位于库盆南侧的冲沟沟口处,主坝的左、右侧分别布置 1♯副坝和 5♯副坝,2♯副坝、3♯副坝和 4♯副坝按逆时针依次布置在水库的北侧,3♯副坝左岸与 4♯副坝的右岸相接,上水库进出水口布置在这两座副坝之间。上水库工程特性表见表 2-14。

表 2-14 深蓄上水库工程特性

序号	序号及名称	数量
1	坝址以上集雨面积/km^2	0.62
2	校核洪水位(0.02%)/m	528.35
3	设计洪水位(0.2%)/m	527.98
4	正常蓄水位/m	526.81
5	死水位/m	502.0
6	正常库容/(万立方米)	915.809
7	调节库容/(万立方米)	825.24
8	死库容/(万立方米)	90.569
9	最大消落深度/m	24.81

(2)库区及消落带资源状况。

①水文气象。

上水库位于盐田区的小三洲,属海湾水系盐田河流域,多年年平均气温为 22.4 ℃,多年年平均降雨量为 1932 mm,多年年平均陆地蒸发量为 800～1000 mm,多年年平均水面蒸发量为 1346 mm。深圳常年主导风为东南风。多年平均风速为 2.7 m/s,多年平均日照时长为 2120 h,无霜期为 355 天,太阳平均辐照量为 5404.9 MJ/m^2。

②土壤植被。

库区土壤分布以发育于花岗岩上的红壤、赤红壤为主,此外有零星分布的花岗岩黄壤。上水库主要为花岗岩赤红壤,另外有极少量的黄壤分布。附近最高峰为梅沙尖

(海拔为 753.7 m),四周山体高程为 520～595 m,库盆及四周为雄厚的花岗岩山体所包围,表层多为坡积层和全风化带弱至微透水层所覆盖,库区基底由弱至微风化的角闪石黑云母花岗岩和中粗粒黑云母花岗岩所组成。库岸山坡坡度为 20°～25°,植被茂盛,未发现不稳定边坡。

根据生态现状调查结果,库区人工种植的生态公益林种植较多,生物多样性较差。适生乡土树草种有马尾松、鸭脚木、茅草、糖蜜草、黄栀子等。小三洲发现壳斗科古树红锥 3 株、罗浮栲 2 株。

③库区土地利用情况。

库区除小三洲水域及部分已荒废的耕地外,其余土地均为生态公益林地和小量蔬菜果园地。

(3)库区水质检测。

小三洲没有水监测历史资料,从采样检测结果来看,水质除化学需氧量、总氮超Ⅱ类标准外,其余均达Ⅱ类标准,但化学需氧量、总氮不会超Ⅲ类标准(见表 2-15)。

表 2-15　深蓄上水库地表水水质监测结果统计

项目	采样 1	采样 2	标准	
			Ⅱ	Ⅲ
水温/℃	19.8	19.7		
pH 值	7.41	7.40	6～9	6～9
悬浮物(SS)/(mg/L)	5.0	5.0		
化学需氧量/(mg/L)	19.0	18.7	15	20
溶解氧/(mg/L)	7.05	7.04	6	5
硝酸盐/(mg/L)	0.02	0.03	10	
硫酸盐/(mg/L)	3.36	3.34	250	
氨氮/(mg/L)	0.15	0.13	0.5	1.0
总磷/(mg/L)	0.017	0.015	0.1(0.025*)	0.2(0.05*)
总氮/(mg/L)	0.74	0.83	0.5	1.0
硫化物/(mg/L)	<0.004	<0.004	0.1	0.2
氰化物/(mg/L)	<0.004	<0.004	0.05	0.2
氟化物/(mg/L)	0.16	0.17	1.0	1.0
锰/(mg/L)	<0.010	<0.010	0.1	0.1
铜/(mg/L)	0.0013	0.0010	1.0	1.0
锌/(mg/L)	0.011	0.012	1.0	1.0
砷/(mg/L)	<0.008	<0.008	0.05	0.05

续表

项目	采样1	采样2	标准	
			Ⅱ	Ⅲ
镉/(mg/L)	＜0.00006	＜0.00006	0.005	0.005
六价铬/(mg/L)	＜0.004	＜0.004	0.05	0.05
铅/(mg/L)	0.0008	0.0009	0.01	0.05
铁/(mg/L)	0.094	0.087	0.3	
石油类/(mg/L)	＜0.02	＜0.02	0.05	0.05
阴离子表面活性剂/(mg/L)	＜0.050	＜0.050	0.2	0.2
汞/(mg/L)	＜0.00004	＜0.00004	0.00005	0.0001
硒/(mg/L)	＜0.004	＜0.004	0.01	0.01
高锰酸盐指数/(mg/L)	2.23	2.25	4	6
氯化物/(mg/L)	3.34	3.30	250	250

(4)库区土壤检测。

2005年上半年监测数据对比国家土壤环境质量标准，所测值均符合Ⅱ类标准(见表2-16)。

表2-16 深蓄上水库土壤检测

序号	1	2	3	4	5	6
土类	库区土	库区土	自然土	耕作土	自然土	耕作土
pH值	4.75	4.93	5.15	4.28	4.19	7.4
有机质/(%)	1.07	1.08	1.45	2.12	1.87	1.69
全氮/(%)	0.066	0.053	0.098	0.089	0.078	0.091
全磷/(%)	0.0582	0.0085	0.0064	0.9083	0.0059	0.0062
全钾/(%)	0.119	0.135	0.128	0.123	0.116	0.106
总铜/(mg/kg)	未检出	0.83	2.5	2.5	0.83	17.47
总铅/(mg/kg)	34.99	1.66	1.66	3.33	1.67	16.63
总锌/(mg/kg)	13.33	13.28	4.99	19.96	8.33	86.49
总铬/(mg/kg)	15	73.06	71.55	未检出	54.94	39.92
总镉/(mg/kg)	0.145	0.01	0.05	未检出	0.01	未检出
总汞/(mg/kg)	0.25	0.34	0.56	0.06	0.19	0.21
总砷/(mg/kg)	7.5	1.8	2.27	3.01	3.03	2.7

(5)库岸稳定及防护。

上水库库岸山体普遍较低，高程为 520～595 m，山坡坡度较缓，库岸以坡积层和全风化土质边坡为主，坡积层和全风化土厚度为 1.6～17.9 m，植被发育良好，自稳能力强。

主坝与 1＃副坝、2＃副坝与 3＃副坝之间的库岸地下水位低于正常蓄水位，其他库岸地下水位较高，防渗范围包括：主坝与 1＃副坝之间、1＃副坝与 2＃副坝之间局部库岸，2＃副坝与 3＃副坝之间、4＃副坝与 5＃副坝之间局部库岸，5＃副坝与主坝之间局部库岸。防渗处理为混凝土防渗墙与帷幕灌浆相结合的方式，全风化层采用 C25 混凝土防渗墙，厚 0.8 m，深入强风化基岩 1 m。基岩采用帷幕灌浆，单排布置，灌浆孔距为 1.5 m，深入相对不透水层 3Lu 线以下 5.0 m。水库库岸正常蓄水位以下的环库道路路堤填方段边坡坡率为 1∶2.0，采用浆砌石护坡。

2.2.8 深圳抽水蓄能下水库

(1)水库简况。

深圳抽水蓄能下水库位于深圳市龙岗区横岗镇，东经 113°46′～114°37′，北纬 22°27′～22°52′，东江水系的龙岗河支流响水河上游距深圳市区约 20 km。水库原建于 1989 年，总库容为 731 万立方米，主要任务是为横岗镇提供工业及居民生活用水，并改善下游少量农田灌溉。2012 年进行扩容改建，扩建后坝址以上干流长为 4.99 km，集雨面积为 5.64 km^2，正常蓄水位为 80.0 m，死水位为 60.0 m，调节库容为 1625.24 万立方米。主要建筑物有 4 座大坝、溢洪道及放空底孔等。主坝长 435 m，最大坝高 50 m，坝顶高程为 85.4 m。

下水库工程特性表见表 2-17。

表 2-17 深蓄下水库工程特性

序号	参数	数量
1	坝址以上集雨面积/km^2	5.64
2	校核洪水位(0.02%)/m	82.57
3	设计洪水位(0.2%)/m	81.63
4	正常蓄水位/m	80.0
5	死水位/m	60.0
6	正常库容/(万立方米)	1883
7	调节库容/(万立方米)	1625.24
8	死库容/(万立方米)	257.27
9	最大消落深度/m	20

(2)库区及消落带资源状况。

①水文气象。

项目区地处南亚热带海洋性季风气候区域,多年平均降雨量为 1941 mm,雨量较为丰沛,但年内分配不均匀。多年平均气温为 22.4 ℃,多年平均相对湿度为 79%,年平均陆地蒸发量为 800～1000 mm,年平均水面蒸发量为 1346 mm。平均日照时数为 2120 h,无霜期为 355 天,太阳平均辐射量为 5404.9 MJ/m^2。常年主导风为东南风,多年平均风速为 2.7 m/s,平均日照时数为 2120 h,无霜期为 355 天。项目区最大 24 h 暴雨量为 177 mm,最大 6 h 暴雨量为 108 mm,最大 60 min 暴雨量为 54 mm,最大 10 min 暴雨量为 20 mm。

②土壤植被。

库区主要的土壤类型为花岗岩赤红壤,横坪公路东侧的边坡有部分发育于砂页岩上的赤红壤出露。库区表层为第四系堆积层和全风化土层所覆盖,根据钻孔揭露情况,除进水口和出水口位置覆盖层较薄(厚度为 2～5 m)外,其余厚度为 6～20 m,最厚达 27.9 m。原有水库蓄水运行十几年来,除因局部山体坡角较陡、表层坡积土较松散受浪蚀引起少量崩岸(3 处,每处为30～50 m^3)和一处小型崩塌体外,未发现大的边坡不稳定现象和明显的库岸变形。

水库区域地带性植被为亚热带季风常绿阔叶林,经过人类活动反复破坏,现阶段植被为次生的针叶林、沟谷雨林、常绿阔叶林、灌丛、灌草丛、草丛、果林、豆瓜菜复合群落。阔叶林种群较大,这是生物多样性较大的主要因素。常见的乔木有短序润楠、润楠、香叶树、大头茶、石笔木、杨桐、红花荷、榕树、鸭脚木、黧蒴、罗浮栲、红锥、黄杞、少叶黄杞、石柯、水翁、银柴、山乌桕、假苹婆、铁冬青、荷木、红鳞蒲桃、子凌蒲桃、罗浮柿、亮叶猴耳环和引进树种马占相思、赤桉、大叶相思、台湾相思、尾叶桉、窿缘桉等。常见灌木植物有桃金娘、细齿叶柃、米碎花、华鼠刺、毛冬青、梅叶冬青、密花树、豺皮樟、九节、卵叶杜鹃、吊钟花、木姜子、山苍子、刺葵、水杨梅、春花、雀梅藤、栀子花、山芝麻、黑面神、了哥王、粗毛榕、台湾榕、虎皮楠、大青、盐肤木、野漆等。常见的草本植物有芒萁、纤毛鸭嘴草、野古草、芒、鹧鸪草、金茅、乌毛蕨、铁线蕨、林蕨、铺地蜈蚣、地胆头、淡竹叶、沿阶草、蔓生秀竹、白茅、水蔗草、黑莎草、刺子莞等。常见藤本植物有买麻藤、锡叶藤、冠首藤、山鸡血藤、藤黄檀、无根藤、大茶药、菝契、白花酸藤子、裂托悬钩子、寄生藤、蔓九节、蔓胡椒等。常见果树有荔枝树、龙眼树、李树、梅树、柑树、橙树等。下库适生植物为湿地松、桉树、柠檬桉、大叶相思、马占相思、芒萁、桃金娘及禾本科杂草等。

下水库主坝下游发现有 4 棵国家Ⅱ级重点保护的野生樟树。

③库区土地利用情况。

除水库水域外，其余均为生态公益林地和小量蔬菜地和果园地。

(3)库区水质检测。

下水库为饮用水源，应达到国家《地表水环境质量标准(GB 3838—2002)》中的Ⅱ类水质标准。2004 年 3—10 月对下水库水质进行了为期 8 个月的连续水质监测，监测结果统计见表 2-18。以《地表水环境质量标准》(GB 3838—2002)Ⅱ类标准进行评价，超标的项目有铁、锰、氨氮、总氮、石油类等，其中总氮超标的频率最高。下水库流域并没有工业开发项目，污染物可能来源于水库边上的横坪公路。

表 2-18　深蓄下水库水质监测结果

检测项目	评价标准(Ⅱ类)	库头		库中		库尾		主坝	
		范围	平均值	范围	平均值	范围	平均值	范围	平均值
pH 值	6～9	6.5～7.5	7.16	7～7.4	7.23	6.7～7.8	7.09	7～7.4	7.2
总硬度(以碳酸钙计)/(mg/L)	≤450	18～52.5	31.51	10.6～40.4	28.45	12～52.8	27.81	20～34	27
高锰酸盐指数/(mg/L)	≤4	0.88～3.38	1.82	0.58～2.3	1.67	0.73～2.72	1.46	0.64～2.12	1.38
铁/(mg/L)	≤0.3	0.064～1.2	0.31	0.01～5.73	0.82	～0.42		0.17～1.34	0.76
锰/(mg/L)	≤0.1	～0.45		～0.08		～0.19		～1.2	
铜/(mg/L)	≤1.0	<0.05		<0.01		<0.05		<0.05	
锌/(mg/L)	≤1.0	<0.05		<0.01		～0.08		<0.05	
氨氮(NH_3-N)/(mg/L)	≤0.5	～1.16		～0.59		～0.5		0.31～1.87	1.09
硝酸盐(以氮计)/(mg/L)	≤10	～2.66		～1.2		0.18～2.64	1	0.18～0.99	0.59
总氮/(mg/L)	≤0.5	0.45～2.81	1.08	0.34～1.72	0.99	0.46～2.93	1.47	0.32～2.98	1.65

续表

检测项目	评价标准（Ⅱ类）	库头		库中		库尾		主坝	
		范围	平均值	范围	平均值	范围	平均值	范围	平均值
硫酸盐/(mg/L)	≤250	4.82～16.6	8.4	4.69～10.99	7.98	3.06～17.5	8.38	4.79～11.3	8.05
氯化物/(mg/L)	≤250	2.2～8.52	4.52	2.4～4.9	3.61	2.49～8.88	5.07	2.49～6.04	4.27
溶解氧/(mg/L)	≥6	4.5～8.12	6.66	6.95～8.23	7.64	3.06～7.81	5.98	6.5～7.53	7.02
砷/(mg/L)	≤0.05	～0.004		<0.004		～0.003		<0.002	
镉/(mg/L)	≤0.01	～0.001		<0.001		<0.001		<0.001	
铅/(mg/L)	≤0.05	～0.016		～0.004		～0.011		～0.003	
总磷（以P计）/(mg/L)	≤0.1	～0.05		～0.02		～0.04		0.006～0.05	0.3
硒/(mg/L)	≤0.01	未测		未测		<0.001		<0.001	
六价铬/(mg/L)	≤0.05	～0.023		0.006～0.017	0.01	～0.02		～0.014	
氟化物/(mg/L)	≤1.0	0.58	0.58	未测		0.18～0.55	0.37	0.21	0.21
石油/(mg/L)	≤0.05	～0.09		～0.06		～0.06		<0.05	
水温/℃	～	27～30	29	未测		27～30		未测	
五日生化需氧量（BOD_5）/(mg/L)	≤3	4	4	未测		4.5	4.5	未测	

(4)库区土壤检测。

2005 年上半年监测数据对比国家土壤环境质量标准，所有测量值均符合二级标准（见表 2-19）。

表 2-19　深蓄下水库土壤调查

序号	1	2	3	4	5
pH 值	4.56	4.89	4.76	4.54	5.27
有机质/(%)	2.51	1.87	3.43	2.28	2.13
全氮/(%)	0.134	0.097	0.137	0.107	0.093
全磷/(%)	0.0266	0.0402	0.0237	0.0136	0.0122
全钾/(%)	0.056	0.092	0.109	0.628	0.521
总铜/(mg/kg)	12.49	7.5	12.47	5.82	5.82
总铅/(mg/kg)	13.32	11.66	23.29	4.99	4.99
总锌/(mg/kg)	19.99	19.99	54.91	9.98	8.32
总铬/(mg/kg)	39.97	34.97	39.93	36.58	39.93
总镉/(mg/kg)	0.018	未检出	未检出	0.022	0.052
总汞/(mg/kg)	0.01	0.15	1.3	0.06	0.35
总砷/(mg/kg)	2.73	1.11	1.44	1.2	1.13

(5)库岸稳定及防护。

库岸由片理化砂岩、片岩、泥质砂岩和花岗岩组成，山体较完整雄厚，大部分地形坡度为 25°～35°，局部达 40°，植被发育，覆盖良好。应对坡度大于 30°和可能发生浅层土坡滑塌的 7 处库岸边坡进行坡脚填土压重处理，削坡处理从 64 m 高程起，开挖边坡为 1∶1.8，每隔 10 m 高度设一台阶，台阶宽2 m。坡面采用 400 mm 厚干砌石护坡，正常蓄水位以上采用草皮护坡。

在水库西岸分水岭单薄、存在多处低矮垭口和冲沟，强风化深厚，强风化为强透水层，预测下水库水位抬高至 80 m 后将主要在西侧库岸产生库水外渗。库周垂直防渗采用混凝土防渗墙和帷幕灌浆相结合的方式，墙厚0.8 m，深入强风化基岩 1 m。

2.2.9 小结

经过大量调阅、检测和查算水位—库容—面积曲线等技术资料，目前区域已建抽水蓄能电站水库共8座，各水库及消落带特征值如表2-20所示。

表2-20 各水库及消落带基本特征汇总

指标	广蓄		惠蓄		清蓄		深蓄	
	上水库	下水库	上水库	下水库	上水库	下水库	上水库	下水库
运行方式	日调节		周调节		日调节		日调节	
坝址以上集雨面积/km^2	5	13	5.22	11.29	1.001	9.146	0.62	5.64
海拔/m	790	270	735	200	570	80	558	100
坡度/(°)	20～30	10～20	20～25	15～35	15～20	30～40	20～25	25～35
降水量/mm	2736		2660	2334	2400		1932	
土壤类型	草甸潜育土和红壤	潜育性水稻土及赤红壤	黄壤和红壤	水稻土、赤红壤	红壤、赤红壤	红壤、赤红壤	红壤、赤红壤	赤红壤
土壤pH值	4.65	4.19	5.52	5.8	4.77	5.8	4.19～5.15	4.54～5.27
土壤有机质/(%)	3.6	1.37	8.5	2.95	1.85	0.3	1.07～2.12	1.87～3.43
最大消落深度/m	19.8	12.4	22	26	25.5	29.7	24.81	20
消落带面积/hm^2	52	65	114	106	44.5	38.2	24.41	67.9
	117		220		82.7		92.31	
	512.01							

由表2-20看出，区域抽水蓄能水库以日调节为主，集雨面积不大，降雨量为1900～2700 mm，且常高于周边地区；一般上水库为中山地貌、下水库为低山地貌，库岸坡度为20°～30°，较常规水库库岸陡；土壤以红壤、赤红壤为主，土壤pH值呈酸性，有机质含量低。水库运行多年后，消落带岸坡冲蚀、掏蚀严重，局部有小的塌滑现象。

常规水库消落带上还可种植农作物或栽种果木，而抽水蓄能水库消落带上均无植被。日调节运行工况下，一般下水库白天出露、上水库夜间出露，夏季出露较频繁，出露为深度10～30 m、面积约500 hm^2的全裸露地表，与周边植被、水面及电站建筑物等景观要素形成较大的视觉反差。

2.3 水库消落带相关研究调研

本项目课题组分别于2013年3月28日和2014年6月7—8日对江门市大沙河水库和广西贺州龟石水库开展的种植香根草试验进行了专题调研，为课题研究的适生植物种筛选提供重要支撑；后期根据项目进展，于2016年8月11—12日对江西水土保持科技园进行调研，对课题后续研究提供借鉴。

2.3.1 广东省江门市大沙河水库

1.调研项目情况

该项目位于大沙河水库的广东省水库蓝藻防治技术示范点和暨南大学水生生物国家重点学科水库试验基地。

(1)育苗。

①2011年12月在清远生产基地构建假植苗床600 m^2(包括平地、堆砌栽植槽，铺设网垫，薄膜，回填河沙，铺设喷淋管网等)，为浮排种植施工先行育苗。

②筛选适宜水库生态环境的香根草品种。

③在假植苗床内种植，培育假植苗。

④2011年12月至2012年4月进行假植苗培育养护管理。

(2)浮排种植施工。

将香根草假植苗转运到开平大沙河水库营地前的浮排，种植施工，固定，施工面积为400 m^2。

(3)消落带水质净化种植施工。

在培育浮排假植苗的同时，在大沙河水库西侧消落带斜坡上种植500 m^2 香根草条带，主要作水源拦截净化观测。

种植效果见图2-4。

消落带种植时效果

消落带种植效果(6个月后)

浮排种植香根草效果(2013年3月28日)

消落带种植效果(持续水淹143天后)

香根草根系展示(2013年3月28日)

消落带种植效果(2013年3月28日)

图 2-4　种植效果（一）

2.经验与启示

香根草条带状种植在常规水库消落带上，6 个月后部分已被水淹没，整体生长情况良好。持续被水完全淹没 143 天后成活率仍有 10%，说明香根草耐淹性较好，是消落带植被恢复研究中较适合选择的植物品种。

2.3.2　广西贺州龟石水库

1.调研项目情况

该项目是广西贺州市水电局实施的龟石水库水源地植物隔离措施示范点。

(1)2010 年 3 月 20 日施工人员进驻施工点。

(2)2010 年 3 月 26 日至 4 月 12 日进行基本的作业面整理、等高放线及土壤改良。

(3)种苗及相关材料到达后及时抢种施工,至 2010 年 4 月 26 日全部种植完毕,并进入专业养护管理阶段。

种植效果见图 2-5。

种植3个月后效果(2010年7月27日)　种植1年后效果(2011年5月1日)

香根草种植效果(2014年6月7日)　相关支撑课题(2014年6月7日)

图 2-5　种植效果(二)

2.经验与启示

2010 年 5 月 26 日起连续的暴雨天气导致龟石水库水位迅速上升，蒙家木园头施工点约 1200 m^2 香根草被完全淹没，约 500 m^2 香根草被淹没至叶片中部，直至 7 月 26 日水位才退至香根草种植点以下。香根草种植施工完成 30 天后便被水库水淹没，连续浸泡长达 60 天后，香根草成活率仍可达到 90%。

说明香根草种植施工后换苗及重新扎根时间在 1 个月内已经完成，香根草能适应 2 个月的水淹状况。

2.3.3 江西水保科技园百喜草及生态浮床研究

1.调研项目情况

江西水土保持生态科技园位于江西省北部鄱阳湖水系博阳河西岸的德安县城郊燕沟小流域内，地貌类型为低丘岗地，属南方红壤丘陵侵蚀区，侵蚀类型以水力侵蚀为主。

园区建设面积为 80 hm^2，分为科研试验区、推广示范区、科普教学区和生态建设区 4 大功能区，分两期进行建设。一期工程（科学试验、推广示范、生态建设等 3 大功能区）始建于 2000 年，已初步完成，并取得良好的建设成效。

2.相关研究情况

(1)现代坡地生态果园研究示范区。

江西省 5°～15°坡耕地面积占总坡耕地面积的 55.3%。现代坡地生态果园研究示范区共包含 15 个坡度为 12°的试验小区（其水平投影面积为100 m^2）。通过种植代表性经济作物柑橘对不同水保措施下各小区的产流产沙、水质、土壤环境、柑橘产量和品质等进行评价研究。

按照生物措施、耕作措施和工程措施三大类水保措施，15 个试验小区也分为三大组，其中 1～7 小区是生物措施组，8～10 小区是耕作措施组，11～15 小区是工程措施组。

• 生物措施组：经过多年的试验研究，筛选出了一些优良的适生水保树草种，其中表现优良的水保草种有百喜草、阔叶雀稗和狗牙根，在此设置了这三种草类的试验小区。

第 1 小区百喜草全园覆盖，第 2 小区百喜草带状覆盖，第 3 小区百喜草带状覆盖和套种，第 4 小区全园裸露区，第 5 小区阔叶雀稗草全园覆盖，第 6 小区狗牙根带状覆盖，第 7 小区狗牙根全园覆盖。

根据多年的试验观测发现：①裸露对照小区的泥沙量流失量大（年均 663.27 kg），是采取植物措施小区的 220 倍以上（221～975 倍），说明植物措施有较好的水保效益；②在全园覆盖条件下，多年平均泥沙量以百喜草（第 1 小区）最小（0.68 kg），狗牙根（第

7小区)次之(2.24 kg),阔叶雀草(第5小区)(2.99 kg)最大,说明百喜草水保效益最佳;③在同一草种(百喜草)下,多年平均泥沙量以带状覆盖和套种(第3小区)最大(0.87 kg),带状覆盖(第2小区)次之(0.71 kg),全园覆盖(第1小区)最低(0.68 kg),说明全园覆盖效益最佳。

• 耕作措施组:针对江西省坡地果园开发中顺坡耕作和套种的习惯,专门设计了三种措施处理,分别是第8小区横坡间种,套种黄豆和萝卜;第9小区纵坡间种,套种黄豆和萝卜;第10小区柑橘清耕区,主要研究不同水保耕作措施的水土流失规律及其水保效益。

根据多年的试验观测发现:①柑橘清耕小区的泥沙量流失量大(年均410.72 kg),几乎是顺坡耕作小区(年均231.41 kg)的2倍,说明果园套种具有较好的水保效益,同时还可提高单位面积土地产出;②顺坡耕作小区的多年平均泥沙量是横坡耕作(年均128.88 kg)的2倍。

• 工程措施组(梯田组):第11小区为前埂后沟和梯壁植草水平梯田,第12小区为梯壁植草水平梯田,第13小区为清耕水平梯田,第14小区为内斜式梯田和梯壁植草,第15小区为外斜式梯田和梯壁植草。

多年试验观测发现:①清耕水平梯田的泥沙量流失量大(年均78.56 kg),是采取梯壁植草或开沟筑埂措施小区的11倍以上(11.5~66.5倍),说明梯面梯壁措施有较好的水保效益;②在各种梯田中,前埂后沟和梯壁植草水平梯田小区多年平均泥沙量最低(1.18 kg),其水保效益最佳。

(2)壤中流研究区。

壤中流是径流的重要组成部分之一,也是水量平衡研究的关键。目前,壤中流与降雨因子、地表植被、地表径流的关系是一个亟待解决的科学难题。

项目选择专为防洪减灾设置的土壤水分渗漏装置,设置了三个处理小区,分别是百喜草覆盖、百喜草覆盖和裸露对照。每个小区宽5 m(与等高线平行),长15 m(水平投影),其水平投影面积为75 m^2,坡度为14°。每个小区出水口有4个,除了采集地表径流外,还可采集不同土层深度的壤中流。

在每个小区不同坡位、不同土层深度分别埋设了从美国进口的SM200型土壤水分传感器,将土壤水分信息通过电流传输到数据采集器。小区设置了气象观测站,将雨量、湿度、温度、风向、风速、蒸发量等气象信息通过电流传输到数据采集器。它可以采集径流、泥沙、土壤水分、降雨、温度、湿度、风向、风速等数据,步长设置是5分钟。假如发生一次降雨产流,能很方便地获取径流与泥沙的变化曲线,可以进行机理性分析和研究。而以前,只能在降雨产流停止后逐个径流池取样,既浪费人工,又不能进行深入研究。

调研情况见图2-6。

调研交流(2016年8月11日)

现代坡地生态果园研究示范区

壤中流研究区(2016年8月11日)

生态浮岛试验(2016年8月11日)

图 2-6 调研情况

3.经验与启示

(1)江西省水土保持科技园集水土保持科学研究、科技推广服务于一体,科研管理及推广应用已经有规模、成体系,值得我们学习与借鉴。

(2)2008 年以来,该园区共发表有关百喜草论文 9 篇,全面地研究了该草种在南方红壤区种植配置、土壤理化性能与养分、调节径流与减洪等方面。但对我们研究的消落带种植、共生植物则较少提及。

2.4 水库消落带适生植物筛选

2.4.1 适生植物筛选

近年来,水利行业在水库、河道及滨湖海岸等环境整治与建设管理方面积累了丰富经验，2014 年出版的《水工设计手册（第二版）》中增加环境保护与水土保持内容，贺康宁、李建生等总结整理了全国水利水电工程水土保持常用树草种及其特性，从中摘选耐水淹、耐贫瘠、根系发达、生长较快等指标的植物近 25 种。详见表 2-21。

表 2-21 适宜植物品种

编号	植物名称	科名	植物性状	主要分布区	适宜生境	株高/m	根系分布	生长速度	萌生能力	主要繁殖方法
1	合欢	含羞草科	乔木	华北、华东、华南、西南	喜光、宜肥沃平原、水湿条件较好的环境，但也耐旱瘠	10		快	中	播种
2	大麻黄	大麻黄科	常绿乔木	南方沿海及海南岛普遍栽培	阳性、耐干旱瘦瘠、耐盐碱	10～20	深根发达	快	中	播种
3	白蜡	木犀科	落叶乔木	华东、华南、华北、西南	喜光、宜温暖湿润气候，对土壤要求不严	20	深根	快	强	播种 扦插
4	湿地松	松科	乔木	淮河以南	阳性树、较耐寒、耐旱、耐盐、耐碱	20～30	深根	较快		播种
5	侧柏	柏科	常绿乔木	各地	喜生于温暖、静风环境、耐旱、瘠，对土壤酸碱适应性广	20	浅根发达	中	弱	播种
6	扁桃	漆树科	常绿乔木	云南、广东、广西、台湾	成年树喜光、温热和湿润环境	25～30	深根	中	中	播种 接木
7	桑树	桑科	落叶乔木	华南、华东、西南、东北	喜光、喜温暖、湿润气候、宜湿润土、耐寒	10～15	深根	快	强	扦插
8	木麻黄	木麻黄科	落叶乔木	广东、广西、福建、台湾及南海诸岛	强阳性，喜炎热气候，耐干旱贫瘠，抗盐渍，也耐潮湿，不耐寒	30	深根发达	快	中	种子

续表

编号	植物名称	科名	植物性状	主要分布区	适宜生境	株高/m	根系分布	生长速度	萌生能力	主要繁殖方法
9	台湾相思	豆科	常绿乔木	福建、广东、广西、海南	喜暖热气候，耐低温半阴，耐旱瘠，亦耐短期水淹，喜酸性土	16	深根发达	快	强	播种
10	垂柳	杨柳科	落叶乔木	华北、长江流域及以南平原	喜光，喜温暖湿润气候，深厚酸性中性土壤。较耐寒，特耐水湿	3～10	深	快	强	扦插、种子
11	苦楝	天南星科	落叶乔木	华北、华中、华南、西南	喜温暖湿润气候，耐寒、耐碱、耐瘠薄	10～20	深根发达	中	中	植苗
12	柽柳	柽柳科	落叶小乔木	山东至广东、华北、西北	喜光及温凉气候，耐盐碱、干旱且耐涝	5	深根	快	强	扦插播种
13	夹竹桃	夹竹桃科	常绿灌木	华南地区	喜光、耐旱、耐潮、耐污染、不耐寒，对土壤要求不高	5	深根	快	强	扦插
14	福建茶	紫草科	常绿灌木	华南地区	喜强光、耐热、耐寒、耐旱、耐贫瘠、不耐阴	1～2		中快	强	扦插
15	桃金娘	桃金娘科	常绿灌木	我国南方热带亚热带地区	喜阳光充足及温暖湿润气候、耐旱、耐贫瘠、耐酸性土壤	1～2		快	中	播种
16	假连翘	马鞭草科	常绿灌木	华南地区	喜温暖湿润气候，不耐寒，对土壤的适应性较强，喜肥，耐水湿	1.5～3	根系发达	快	强	播种、扦插
17	猪屎豆	豆科	多年生草本	福建、台湾、广东、广西、四川、浙江	耐旱耐瘠、抗逆性强、生长迅速、可涵养水土、提高地力	0.6～1	根系发达	快	强	种子

续表

编号	植物名称	科名	植物性状	主要分布区	适宜生境	株高/m	根系分布	生长速度	萌生能力	主要繁殖方法
18	铁芒萁	里白科	多年生草本	热带及亚热带地区	喜阳光充足、耐阴、喜湿润酸性土壤	0.4～1.2	浅根	快	强	分株、孢子
19	大叶油草	禾本科	多年生草本	广东、福建、台湾	喜光，耐阴，不耐旱，再生力强，亦耐践踏。宜在潮湿的砂土生长	0.15～0.35	浅根	快	强	根蘖
20	五节芒	禾本科	多年生草本	华东、华中、华南、西南	喜温暖湿润气候、耐阴、耐酸性土壤	1～4	深根发达	快	强	分株
21	铺地黍	禾本科	多年生草本	华南、华东、台湾	适应性强、耐旱、耐湿、耐践踏	0.3～1	浅根	快	强	种子或根茎
22	百喜草	禾本科	多年生草本	台湾、广东、江西等	适于温暖湿润气候，不耐寒、耐阴、耐旱、耐盐	0.8	浅根发达	快	强	播种、分株
23	香根草	禾本科	多年生草本	热带及亚热带地区	耐旱、耐涝、耐贫瘠、再生能力强、在强酸或强碱的土壤中均能生长、抗污染	1.5～2	深根发达	快	强	分株或分蘖
24	细叶结缕草	禾本科	多年生草本	长江流域以南	多生长于沙滩上	0.1～0.2	发达匍匐	快	强	播种分根
25	狗牙根	禾本科	多年生草本	黄河流域以南	喜光、耐干旱适应性强	0.1～0.3	发达匍匐	快	强	播种分根

据相关植物耐淹性试验报道，以植物的耐水时间和耐水深度为标准，一批植物可作为三峡消落带植被恢复的参考物种（见表 2-22）。此外，其他一些常见的湿地植物或水陆两栖植物也可以作为消落带植被恢复治理的选择物种，如芦苇、菖蒲、香蒲、池杉、水杉、灯心草、水松、落羽杉等。

表 2-22　水库消落带植物的耐水特性

编号	消落带植物名称	耐水时间/月	试验水深/m	文献来源
1	铺地黍	8～9	0～5.5	付奇峰等,2006
2	狗牙根	6	25	刘云峰,刘正学,2005
3	李氏禾	7	0～5	方华等,2003
4	香根草	1,5	全淹	刘金祥,王铭铭,2005 (靖元孝等,2001)
5	野古草	2	2	陈婷等,2007
6	秋花柳	2	2	陈婷等,2007
7	水翁	2	0.2	靖元孝等,2001

杨朝东、陈芳清、滕衍行等人对三峡库区消落带植被恢复的研究表明,狗牙根作为禾本科植物具有一定的耐淹能力和一定抗旱、耐贫瘠性能,且具护坡效应,是一种适宜水电工程库区消落带生态恢复的物种。

华中农业大学李璐等 2010 年提出,在消落范围大、地势陡峭的水库中,消落深度 2 m 以内的范围种植香根草构成植物篱带,消落深度为 2～10 m 混合种植香根草与狗牙根构成复合植被坡面恢复带,可有效减少地表径流和土壤侵蚀,改善土壤肥力和性质。据文献,我国的海南、广东等地曾报道有野生的香根草,现在仍可看到野生的香根草群落。本项目组结合专题调研情况,香根草在广东及广西地区消落带种植已表现有一定的适应性,可以作为试验首选草种。

据《海南植物志》记载及黎华寿报道,蓉草是抗旱、耐淹、耐瘠的水陆两栖湿生植物,喜生于河岸沼泽湿地,特别适合水库湖泊边坡和消涨带防护恢复。杨洁、喻荣岗、王昭艳、林桂志、王超等分别在江西、福建红壤侵蚀区开展了百喜草生长指标、土壤理化性质分析,研究表明百喜草对控制南方红壤坡地、果园水土流失及氮磷等养分的流失更为有效,水土保持及土壤改良效果良好,但未见相关红壤区水库消落带研究的文献报道。徐泽荣等综述表明迄今少有与百喜草共生的草种成功事例报道。

类芦为禾本科属多年生草本植物,具木质根状茎。秆高 1～3 m,常有分枝。叶片宽 1～2 cm,分布于长江流域以南及西南各地。根据广东地区绿化施工单位反馈,该草生河边、草坡或石山上,可用作围篱及河道固堤植物。

2010 年江明喜等申请专利提出利用荷花构建三峡水库消落带湿地植被的方法。还有其他研究人员经过调查筛选认为,芦苇、池杉、垂柳、水杉、中华蚊母树和枫树等均是目前适宜在消落带生长的植物。

综合以上结果,遵循自然界植被演替规律顺序,从低矮物种向高大物种、从寿命短物种到寿命长物种、从对土壤肥力要求低物种到要求高的物种逐步更替的思路，提倡筛选培育使用乡土物种，慎重引入外来物种。最后确定草本植物为本次研究重点内容，选择香根草、狗牙根、百喜草、蓉草、铺地黍、类芦为试验植物品种。

2.4.2 试验植物特性

试验植物如图 2-7 所示。

图 2-7 试验植物

(1)香根草。

拉丁名 *Vetiveria zizanioides*，又名岩兰草，是一种禾本科多年丛生的草本植物。原产于印度等国，现主要分布于东南亚、印度和非洲等地区，具有适应能力强、生长繁殖快、根系发达、耐旱耐瘠等特性；有“世界上具有最长根系的草本植物”“神奇牧草”之称；被世界上 100 多个国家和地区列为理想的保持水土植物。中国也有天然香根草分布。另外，由于它生物量大、固土改良效果好，并在水库消落带治理、富营养化污染和重金属污染治理、燃料香料供应等方面存在巨大的应用潜力和价值，至今已被许多国家和地区广泛应用和研究。

(2)狗牙根。

拉丁名 *Cynodondactylon*(*Linn.*) *Pers.*，别名百慕大草，禾本科狗牙根属多年生草本植物，是最具代表性的暖季型草坪草。原产于非洲，现广泛分布于欧洲、亚洲的热带及亚热带地区。我国黄河流域以南各地均有野生种，新疆伊犁、喀什、和田亦有野生种。多生长于村庄附近、道旁河岸、荒地山坡，用作草坪草的一般是普通狗牙根和杂交狗牙根。

狗牙根植株低矮，具根茎或细长匍匐枝。叶片线形，长 1～12 cm，宽 1～3 mm，喜温暖湿润气候，极耐热和抗旱，耐践踏，繁殖和侵占能力强，耐阴性和耐寒性较差，生长温度为 20～32 ℃，在 6～9 ℃时几乎停止生长，以其根状茎和匍匐茎越冬，翌年则靠越冬部分休眠芽萌发生长。它较耐淹，水淹下生长变慢；耐盐性也较好，最喜 pH 值为 6.0～7.0、排水良好、肥沃的土壤。狗牙根草坪在华南绿期为 270 d，多采用分根茎法繁殖。

(3)铺地黍。

拉丁名 *Panicum repens L.*，多年生草本。铺地黍为旱地的一种地区性恶性杂草，对坡地和坝地作物以及橡胶树、各种果树均有危害，在广东湛江地区和海南地区一带的旱地作物危害较为严重。原产地巴西，现广泛分布于热带与亚热带，多生于路边、山坡草地和近海沙地上，其根茎粗壮，生长迅速，粗大根茎深入土层，能刺穿作物根部，抢夺田间大量肥分；地上部分则遮盖作物茎叶，使田间通风透光不良，从而影响作物的生长发育。

(4)百喜草。

拉丁名 *Paspalum natatu*，别称巴哈雀稗，为一种暖季型的多年生禾草，有粗壮多节的匍匐茎，枝条高 15～80 cm。叶片扁平，长 20～30 cm，宽 3～8 mm。生性粗放，对土壤选择性不严，分蘖旺盛，地下茎粗壮，根系发达，耐旱性、耐暑性极强，耐寒性尚可，耐阴性强，耐踏性强，覆盖率高，所需养护管理水平低，速生，固土保水显著，改土增肥效果好，是水土保持优良草种，也是南方优良的道路和堤坝护坡、机场跑道绿化草种或牧草。原产于美洲，适宜于年降水量高于 750 mm 的地区生长。我国广东、广西、海南、福建、四川、贵州、云南、湖南、湖北、安徽等地都适宜种植。

(5)蓉草。

拉丁名 *Leersia oryzoides*,为禾本科假稻属下的一个种。多年生草本,具根状茎。秆下部倾卧,高 1.0~1.2 m,具分枝,叶片长 10~30 cm,宽 6~10 mm,分布于亚洲、欧洲和非洲、美洲温带与亚热带地区,适生于海拔为 400~1100 m 的河岸沼泽湿地。

(6)类芦。

拉丁名 *Neyraudia reynaudiana*(*kunth.*) *Keng*,为禾本科类芦属多年生草本植物,具木质根状茎。秆高 1~3 m,常有分枝,叶片宽 1~2 cm,广泛分布于长江流域以南及西南各地,东南亚也有。

目前,未见蓉草、类芦在消落带植被恢复研究中的报道。

3

消落带植被恢复模拟试验

3.1　材料与方法

3.1.1　试验设计

1.试验场地建设

(1)场地选址。

租用试验场地位于广州市增城区中新镇联丰村第一经济社。苗木培育场地(见图3-1)位于村西侧县道X289北侧开阔处,面积约500 m^2。模拟水库(见图3-2)位于苗木培育基地与县道X289南侧山沟沟头,租用面积约667 m^2,南北走向,南高北低,依次布设2#和1#模拟水库。山沟坡面水流及渗水常年不断,方便排灌,沟内东侧有农耕路经过,交通便利。

图3-1　苗木培育场地原貌
(2013年3月28日)

图3-2　模拟水库场地原貌
(2013年3月28日)

(2)苗木来源及培育。

根据试验计划,狗牙根、百喜草、蓉草、类芦、铺地黍等常见草种均从附近市场直接购买。

香根草作为主要试验草种,用量较大。为了获取系列试验数据,需要有计划地进行苗木培育设计,如普通分蘖育苗、条带状种植育苗等(见图3-3)。结合场地条件,共培育条带状苗50 m^2,分蘖种植苗50 m^2。

图 3-3　香根草苗木培育（2013 年 8 月 25 日）

(3)模拟水库建设。

①土方挖筑。充分利用沟道地形条件，上下部分别建设 1＃ 和 2＃ 模拟水库，特性指标见表 3-1，设计如图 3-4 所示。利用挖掘机开挖沟内土方，晾晒干后填筑碾压堆砌于北侧下游形成坝体，东、西、南面可对自然沟道边坡稍作修整或辗压夯实，最终形成消落带高 1.5 m、面积 564 m^2 的模拟水库，如图 3-5 所示。

表 3-1　模拟水库特性指标

水库编号		1＃	2＃	备注
蓄水量/m^3		310	420	—
坝体填高/m		3	3	—
设计最大水深/m		2.5	2.5	—
固定水深/m		1	1	—
最大消落带高度/m		1.5	1.5	—
消落带面积/m^2	A 坡面	115.5	—	2＃ 为石质坡面
	B 坡面	55	55	—
	C 坡面	115.5	168	—
	D 坡面	55	—	2＃ 为碎石坡面
	小计	341	223	—

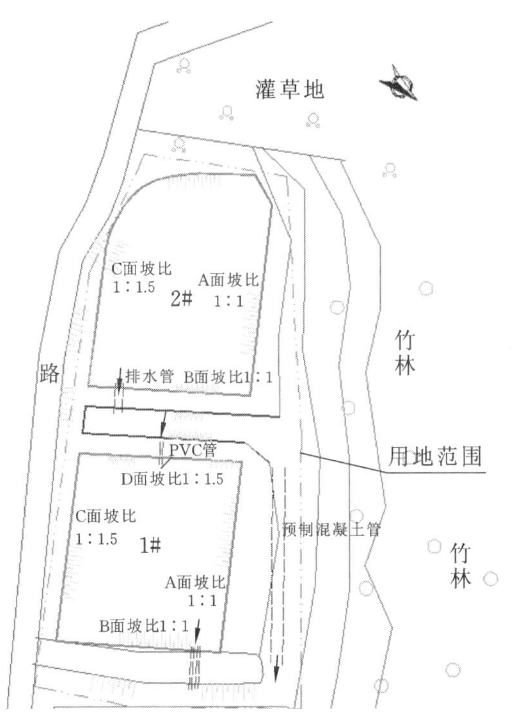

图 3-4　模拟水库建设平面布置图

(a)　(b)

图 3-5　模拟水库

②引水排水。由于该沟道较窄，2＃模拟水库位于沟头，蓄水来源主要为两侧坡面来水和山体渗水。填筑拦水坝时，在坝体底部埋设 1 根 ϕ60 cm 的预制水泥涵管排水。

1＃模拟水库上游东南角在开挖时预埋 1 根 ϕ10 cm 的 PVC 管闸作引水入口，下游西北角预埋 2 根 ϕ10 cm 的 PVC 管闸作排水出口，配套安装电动排灌设备一套备用。西面沟底预埋 ϕ60 cm 的预制水泥涵管，确保排水通畅。

(4)安全防护及项目标识。

为了防止牲畜对试验场地造成破坏，场地建设在坝顶及道路侧设置了围栏（见图 3-6），充分利用当地竹枝编制网栏形成围蔽防护。场地设立了固定的项目标志牌（见图 3-7），明确标识该科研项目苗木场地、模拟水库等信息。

图 3-6　模拟水库安全围栏

（2014 年 9 月 5 日）

图 3-7　模拟水库标示牌

（2014 年 9 月 5 日）

在模拟水库实际建设过程中，遇到了 2014 年 1～5 月连续阴雨天气，施工机械进场后开挖的土方无法晾干进行坝体回填。为安全起见，一直持续到 2014 年 5 月才完成水库土建施工。边坡晾晒基本稳定后，于 2014 年 6 月 15 日种植第一批草种。

2.种植设计

(1)试验开始前，分别记录模拟水库 A、B、C、D 各坡面坡向、坡度及面积。同时采集各坡面的土样各 1 kg，分装标记保存，用于送检测机构化验土壤本底值。

(2)试验草种搭配选择香根草、狗牙根、百喜草、蓉草、铺地黍、类芦（见表 3-2），还可考虑增加景观性水生植物。试验前记录植物名称、栽植时间、栽植方式、株行距、苗高、气象气温、分蘖数、叶片平均长度及宽度等（附照片）。

表 3-2　模拟水库消落带种植设计内容

水库及坡面	1#		2#	
	植物种	面积/m^2	植物种	面积/m^2
A	香根草	5×5.5	—	—
	蓉草	5×5.5	—	—
	铺地黍	5×5.5	—	—
	狗牙根	5×5.5	—	—

续表

水库及坡面	1#		2#	
	植物种	面积/m²	植物种	面积/m²
B	香根草+铺地黍	5×5.5	百喜草	5×5.5
	香根草+狗牙根	5×5.5	类芦	5×5.5
C	蓉草	10×5.5	类芦	7×5.5
			百喜草	7×5.5
	香根草+蓉草	10×5.5	香根草	7×5.5
			香根草+百喜草	7×5.5
D	香根草+铺地黍	5×5.5	—	—
	香根草+狗牙根	5×5.5	—	—

注：因铺地黍购买不到，实际未种植。

(3)在模拟水库四面边坡A、B、C、D各坡面上沿等高线开小条沟种植不同的草种，或采用不同的植物搭配种植试验草种。试验共设置16个处理(实际有13个有效处理)。种植施工作业标准参照普通绿化护坡工程，株行距规格为50 cm×10 cm。

3.消落带模拟试验

(1)试验及管理。

①养护：枯水种植施工完成后养护60天，如定期浇水、补种等，使植物生长发育正常。

②模拟试验方案：模拟水库消落带水位的消涨规律，每隔7天灌水或排水一次(即每月两涨两消)，灌水时蓄水到设计最大水位2.5 m，排水时将水位降至固定水深1.0 m，周期为6个月(2014年9月—2015年3月)。之后调整为按每隔15天的消落频率继续进行，周期为6个月(2015年4—9月)。

(2)数据采集记录。

①种植前和试验水淹前均记录各植物品种的基本形态情况。各品种挑选长势良好、能代表该品种生长状况的植株(数量为5株)进行测定，记录其平均数。

②试验期间，每7天观测一次，记录各坡面不淹、消落和全淹各区的植被覆盖度、成活率、植株高度、分蘖数、叶片平均长度及宽度等。各区挑选长势良好，能代表该品种生长状况的植株(数量为5株)进行测定，记录其平均数。观测时拍照存档。

③同时观测各边坡的稳定情况，记录现场有无坍塌、滑坡现象，拍照存档。

④记录施肥的时间、肥料品种、用量、施肥方式。

3.1.2 样品测定

土壤、植物、水等样品由本项目组科研人员采集(见图 3-8、图 3-9),交由具备 CMA 计量认证的专业测试单位实验室采用国家、行业有关测试化验标准进行测定,并出具正式的检测分析报告。

图 3-8 模拟水库土样采集

(2014 年 4 月 17 日)

图 3-9 模拟水库土样采集

(2016 年 7 月 13 日)

3.2 结果与分析

3.2.1 消落带水位变化对不同草种形态的影响关系

1.消落带水位变化对香根草形态的影响

(1)对株高的影响。

如图 3-10 所示,随试验时间的延长,香根草株高呈增长趋势。在第 2～6 周出现消落带香根草株高大于岸坡香根草株高的情况,第 7 周之后岸坡香根草株高大于消落带香根草株高,株高差值基本保持 20 cm。分析原因是:种植初期消落带水分充足,香根草生长较快,之后香根草生长受水淹影响生长变慢。

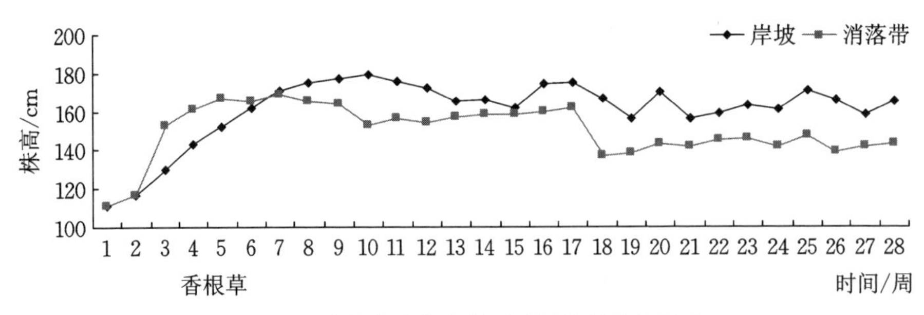

图 3-10　消落带水位变化对香根草株高的影响

(2)对叶长和叶宽的影响。

如图 3-11 所示，随着试验时间的延长，香根草的叶长和叶宽基本稳定。消落带香根草的叶长和叶宽比岸坡香根草的叶长和叶宽小。说明消落带香根草在受水淹状况下生长受限明显。

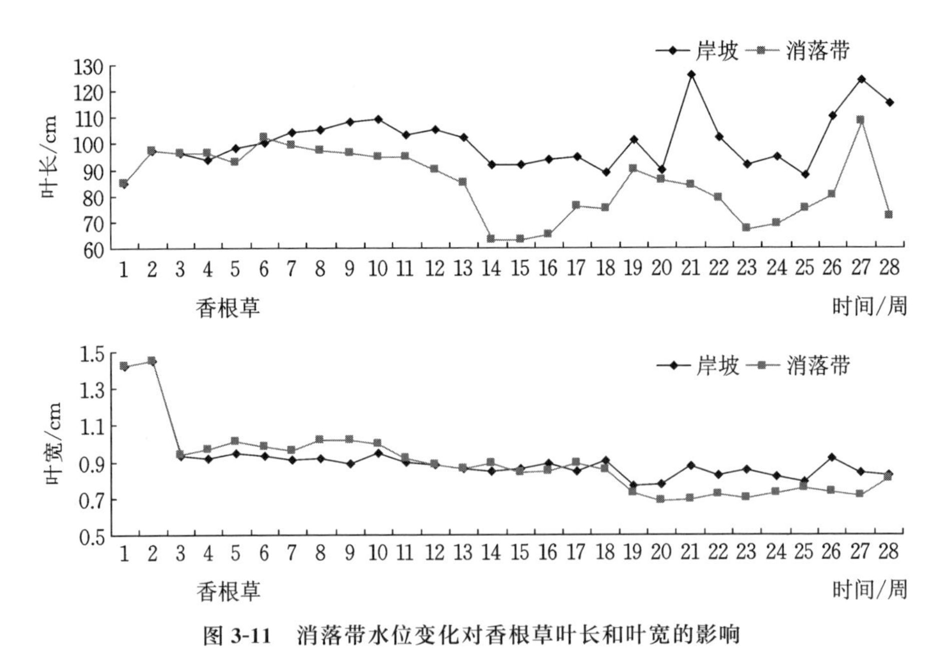

图 3-11　消落带水位变化对香根草叶长和叶宽的影响

(3)对分蘖数的影响。

如图 3-12 所示，随着试验时间的延长，岸坡香根草的分蘖数基本稳定，消落带香根草的分蘖数先减少后基本稳定，稳定后数量保持在岸坡香根草的 50%左右。说明消落带香根草受水淹状况下，分蘖受影响明显，数量减少近一半。

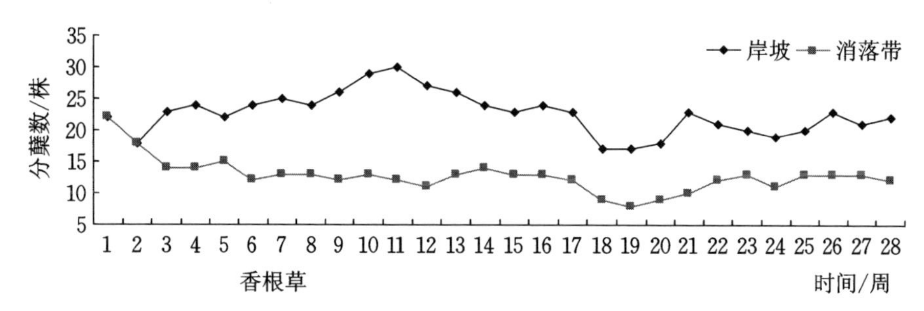

图 3-12 消落带水位变化对香根草分蘖数的影响

2.消落带水位变化对狗牙根形态的影响

(1)对株高的影响。

如图 3-13 所示,随实验时间的延长,狗牙根株高呈现先升后降再趋于稳定的状态,但消落带狗牙根株高小于岸坡狗牙根的株高,说明消落带水位变化对狗牙根生长有一定影响。

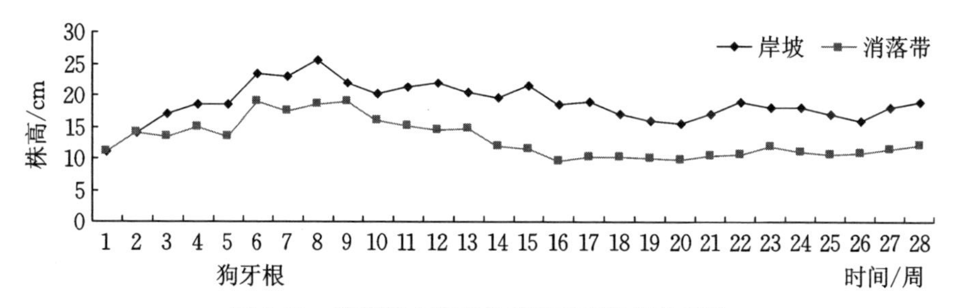

图 3-13 消落带水位变化对狗牙根株高的影响

(2)对叶长和叶宽的影响。

如图 3-14 所示,初期消落带狗牙根叶长明显大于岸坡狗牙根叶长,随时间延长,第 12～13 周消落带狗牙根叶长和岸坡狗牙根叶长基本接近,之后消落带狗牙根叶长明显小于岸坡狗牙根叶长,第 20 周后狗牙根叶长的差值稳定在 1 cm 左右。而消落带狗牙根叶宽一直小于岸坡狗牙根叶宽。

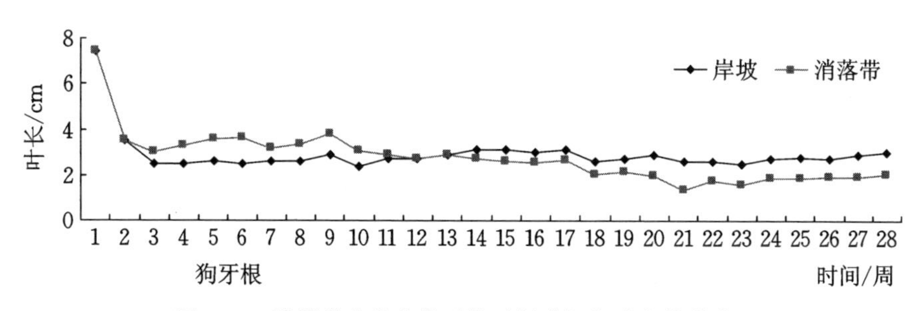

图 3-14 消落带水位变化对狗牙根叶长和叶宽的影响

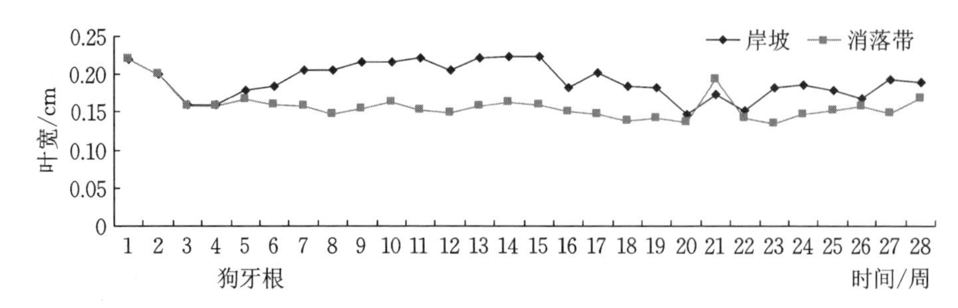

续图 3-14

(3)对分蘖数的影响。

如图 3-15 所示,随着试验时间延长,岸坡狗牙根分蘖数基本大于消落带狗牙根分蘖数,说明消落带对狗牙根分蘖有一定抑制作用。

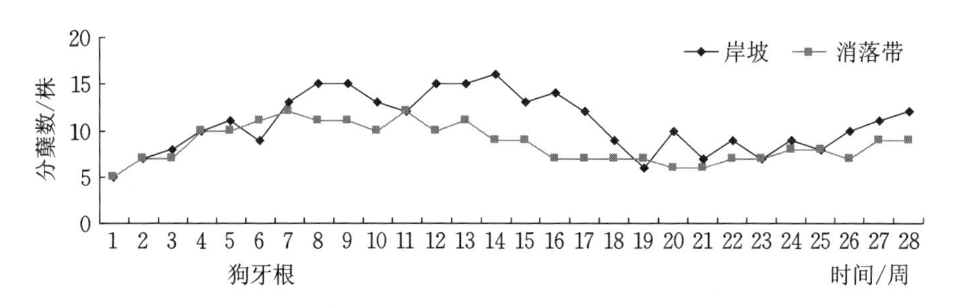

图 3-15 消落带水位变化对狗牙根分蘖数的影响

3.消落带水位变化对蓉草形态的影响

(1)对株高的影响。

如图 3-16 所示,随着试验时间的延长,消落带和岸坡的蓉草株高均先减小后趋于稳定,消落带的蓉草株高在第 11 周后开始小于岸坡蓉草株高,差近 10 cm。

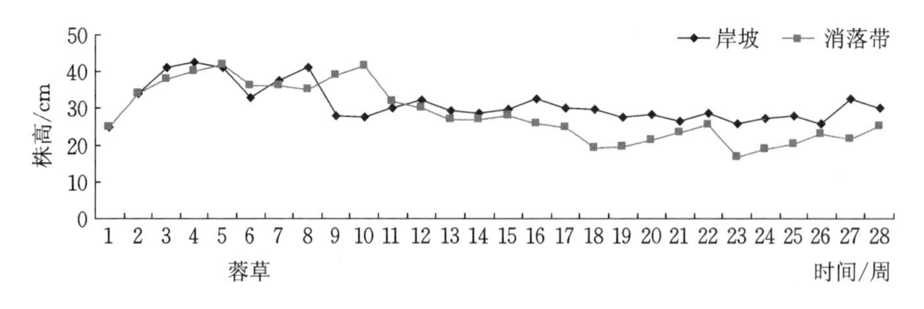

图 3-16 消落带水位变化对蓉草株高的影响

(2)对叶长和叶宽的影响。

如图 3-17 所示，初期，消落带蓉草叶长明显小于岸坡蓉草叶长；随时间延长，至第 26 周，消落带蓉草叶长小于岸坡蓉草叶长 7～8 cm，并保持稳定。而蓉草叶宽则一直小于岸坡蓉草叶宽，并从 14 周开始，消落带蓉草叶宽为岸坡蓉草叶宽的 2/3。说明蓉草对消落带水位变化有一段适应期。

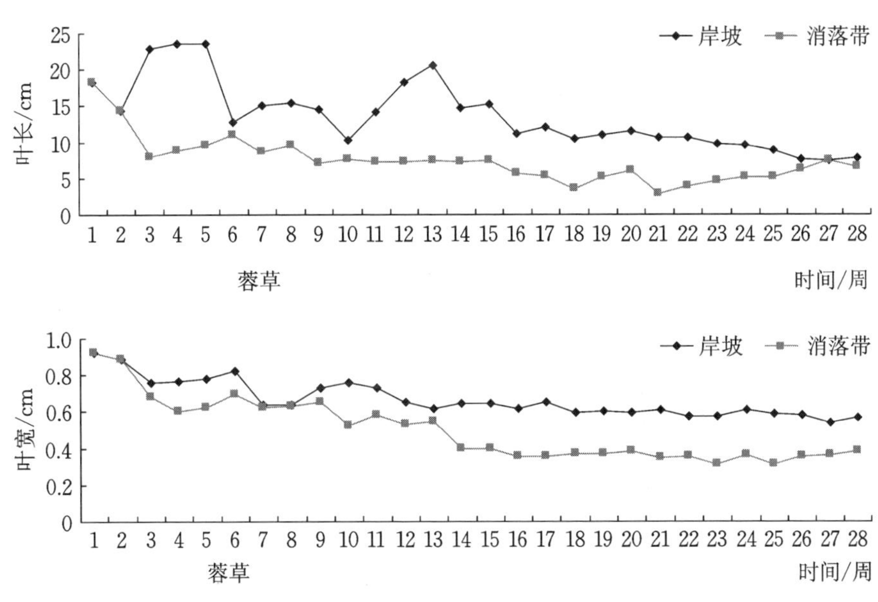

图 3-17 消落带水位变化对蓉草叶长和叶宽的影响

(3)对分蘖数的影响。

如图 3-18 所示，随着试验时间延长，岸坡蓉草分蘖数为 6～8 株，消落带蓉草分蘖数呈逐渐减少趋势，后保持为 3～4 株。

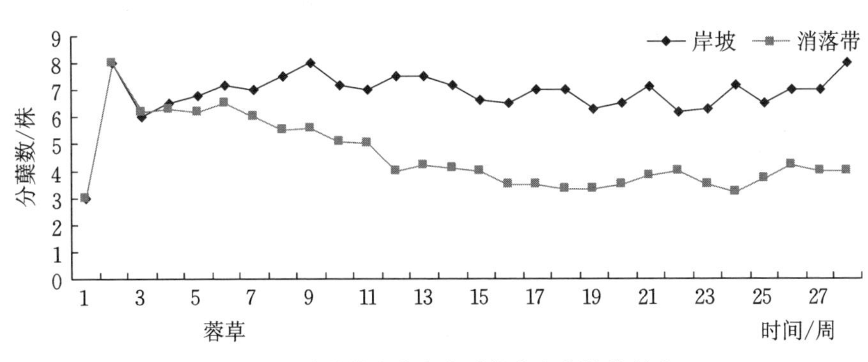

图 3-18 消落带水位变化对蓉草分蘖数的影响

4.消落带水位变化对百喜草形态的影响

(1)对株高的影响。

如图 3-19 所示，随实验时间的延长，岸坡百喜草与消落带百喜草株高均呈现下降趋势，至第 14 周开始株高稳定在 30 cm 左右，两者间无显著差异。

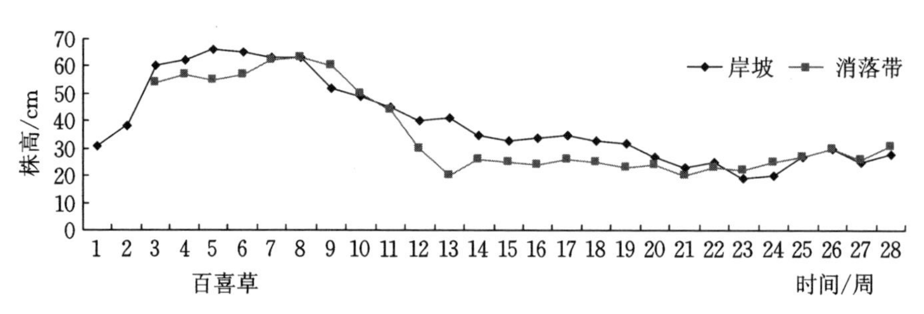

图 3-19 消落带水位变化对百喜草株高的影响

(2)对叶长和叶宽的影响。

如图 3-20 所示，随实验时间的延长，岸坡百喜草叶长与消落带百喜草叶长均呈现下降趋势，并于第 18 周开始稳定在 20～30 cm。叶长在岸坡与消落带之间无显著差异变化。叶宽则呈现稍微减小后再增大趋势。消落带百喜草叶宽初期减小，19～20 周增大再减小，至 25 周后又增大。

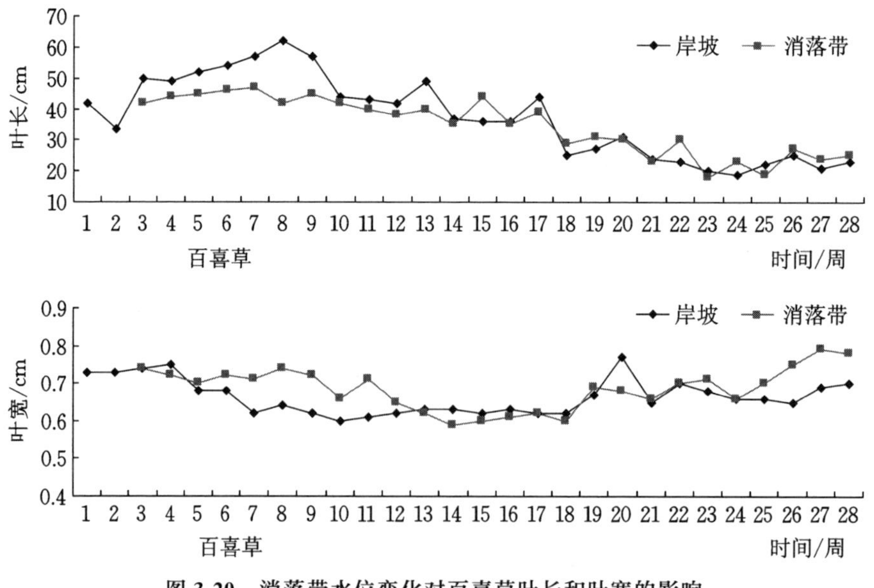

图 3-20 消落带水位变化对百喜草叶长和叶宽的影响

(3)对分蘖数的影响。

如图 3-21 所示，随着试验延长，百喜草在岸坡与消落带的分蘖数为 6～10，两者间无显著差异。说明消落带对百喜草分蘖无影响。

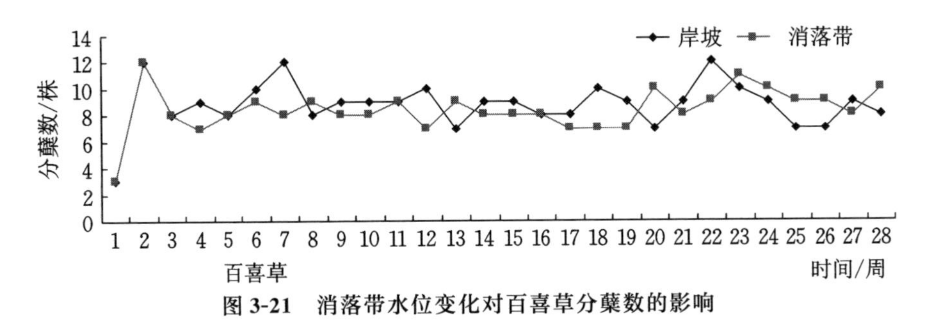

图 3-21　消落带水位变化对百喜草分蘖数的影响

5.消落带水位变化对类芦形态的影响

(1)对株高的影响。

如图 3-22 所示，随实验时间的延长，岸坡类芦株高呈现上升趋势，消落带类芦株高呈现先升后降趋势，至第 4 周死亡。

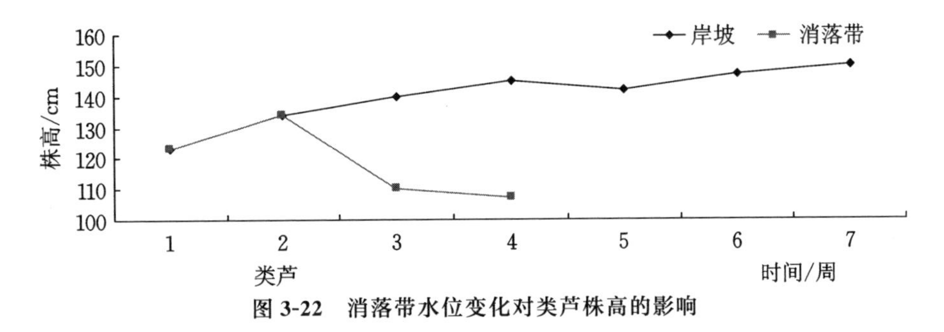

图 3-22　消落带水位变化对类芦株高的影响

(2)对叶长和叶宽的影响。

如图 3-23 所示，随实验时间的延长，类芦叶长和叶宽均为减小趋势，并分别稳定在 65～70 cm 和 1.5～2 cm，第 4 周后消落带类芦死亡，岸坡类芦则继续生长。

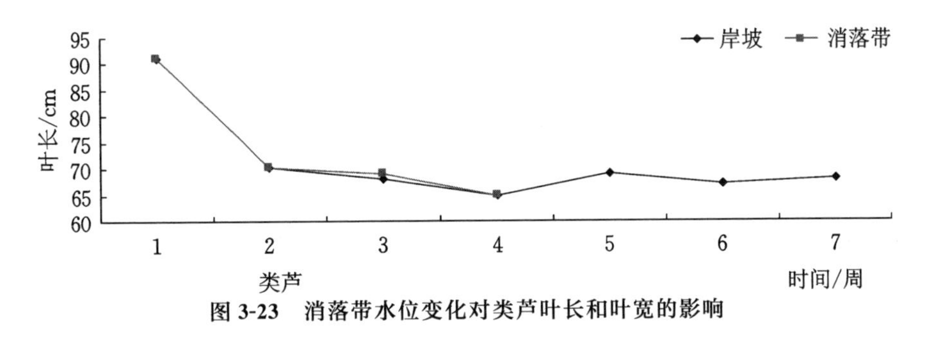

图 3-23　消落带水位变化对类芦叶长和叶宽的影响

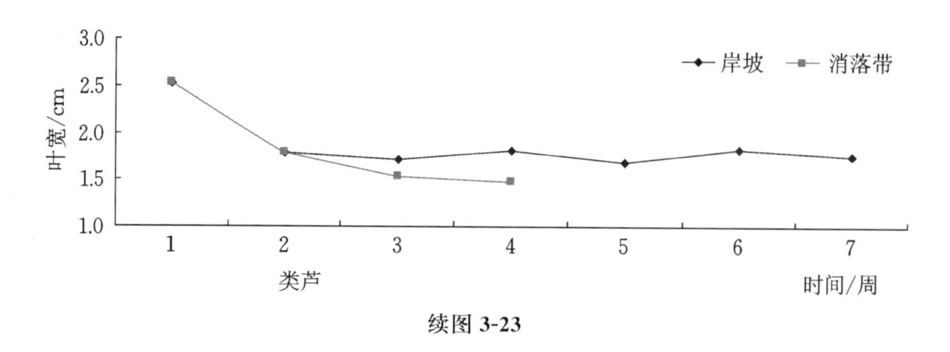

续图 3-23

(3)对分蘖数的影响。

如图 3-24 所示,随着试验时间延长,岸坡类芦分蘖数始终大于消落带类芦,说明消落带对类芦分蘖有一定抑制作用。

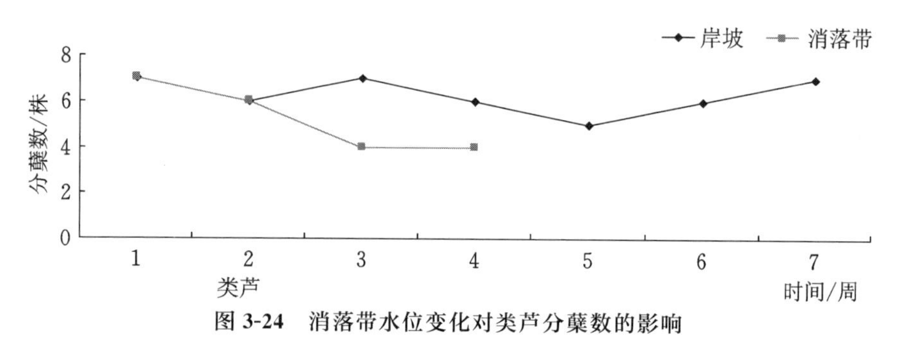

图 3-24 消落带水位变化对类芦分蘖数的影响

6.消落带水位变化对单种香根草(或单种狗牙根)与香根草混交狗牙根形态的影响

(1)对株高的影响。

如图 3-25 所示,消落带单种香根草与混交狗牙根的株高变化不大,且单种香根草株高比混交狗牙根株高要稳定高出 10～20 cm。

消落带单种狗牙根的株高与混交香根草的狗牙根株高相比呈现先高后低趋势。说明混交香根草的狗牙根株高更适应消落带的环境。

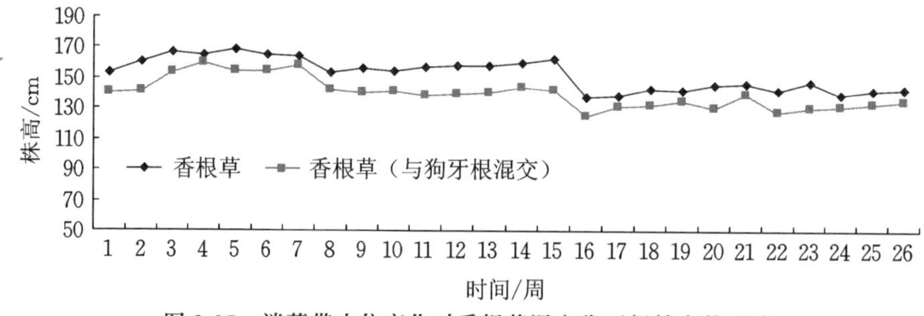

图 3-25 消落带水位变化对香根草混交狗牙根株高的影响

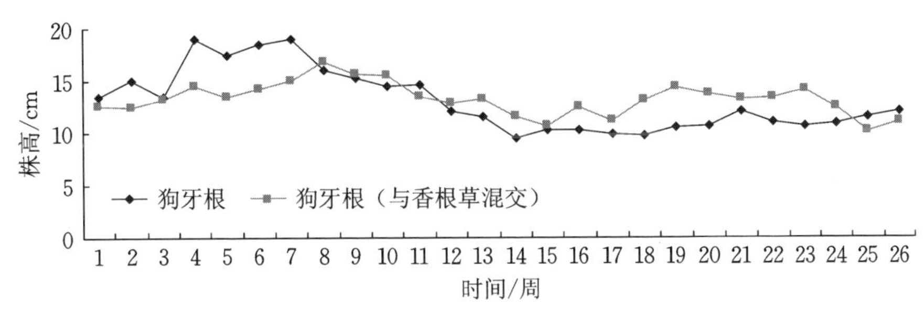

续图 3-25

(2)对叶长和叶宽的影响。

如图 3-26 所示，消落带单种香根草的叶长和混交狗牙根的香根草叶长变化基本一致。消落带单种狗牙根的叶长与混交香根草的狗牙根叶长相比呈现先升后降趋势。

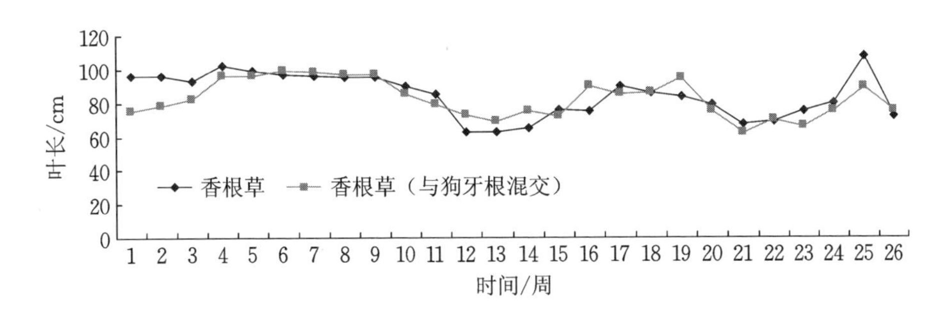

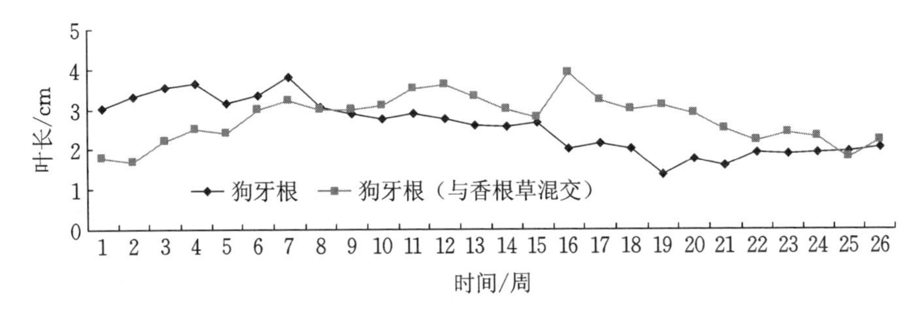

图 3-26 消落带水位变化对香根草混交狗牙根叶长的影响

如图 3-27 所示，消落带单种香根草的叶宽和混交狗牙根的香根草叶宽呈现先降后升趋势。消落带单种狗牙根的叶宽和混交香根草的狗牙根叶宽变化基本一致。

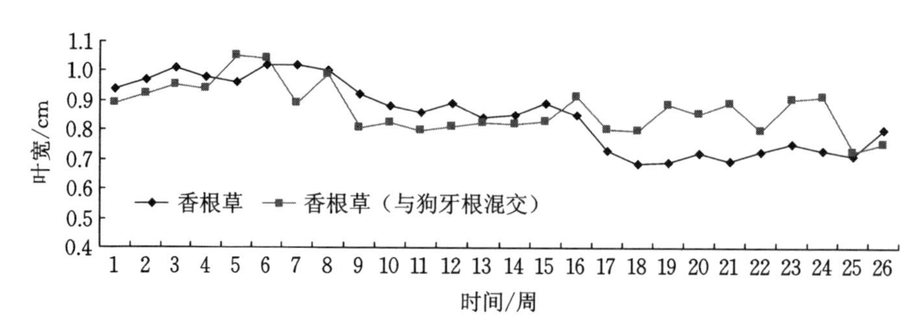

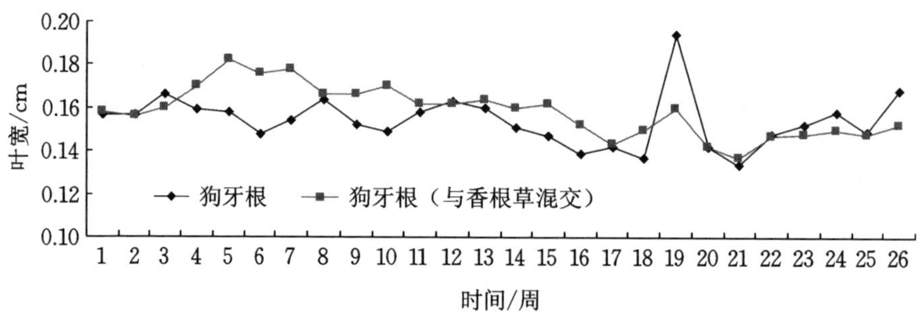

图 3-27　消落带水位变化对香根草混交狗牙根叶宽的影响

(3)对分蘖数的影响。

如图 3-28 所示，随着试验延长，单种香根草的分蘖数与混交狗牙根的香根草分蘖数基本一致，呈现交叉波浪式变化。单种狗牙根的分蘖数与混交香根草的狗牙根分蘖数相比呈现先增大后趋于一致的变化，稳定在 6～8 株，说明消落带对香根草、狗牙根分蘖均无持续性影响。

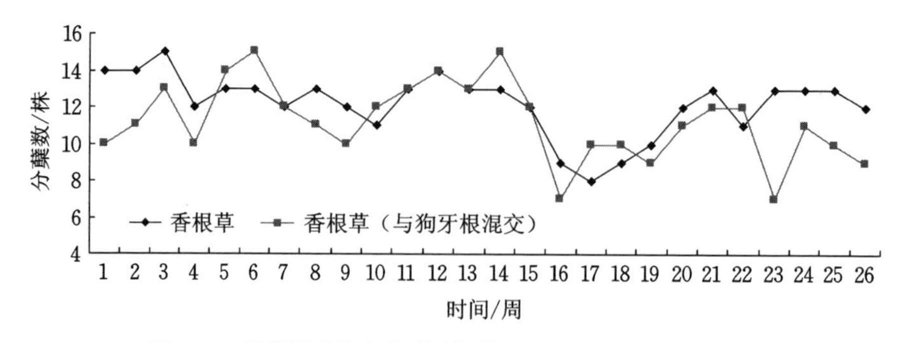

图 3-28　消落带水位变化对香根草混交狗牙根分蘖数的影响

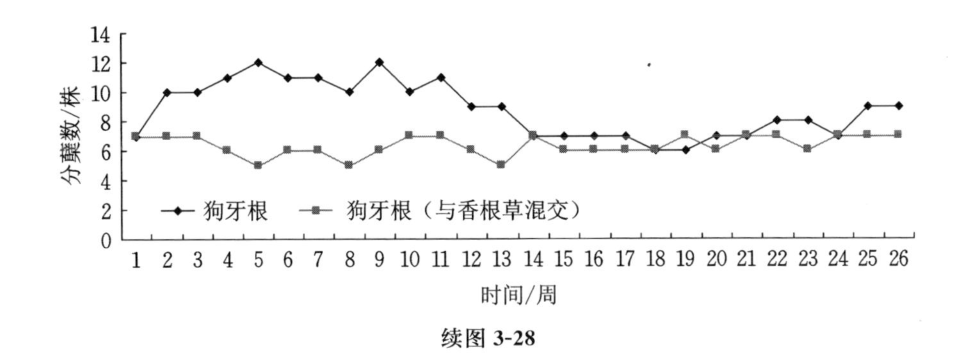

续图 3-28

7.消落带水位变化对单种香根草（或单种蓉草）与香根草混交蓉草形态的影响

（1）对株高的影响。

如图 3-29 所示，消落带单种香根草的株高和混交蓉草的香根草株高呈现先降低后回升的变化，且单种香根草的株高与混交蓉草的香根草株高相比先增高后趋于一致，说明消落带上单种香根草与混交蓉草的香根草种植后，株高受持续性影响小。

消落带单种蓉草的株高与混交香根草的蓉草株高呈现一致变化趋势，基本不受影响。

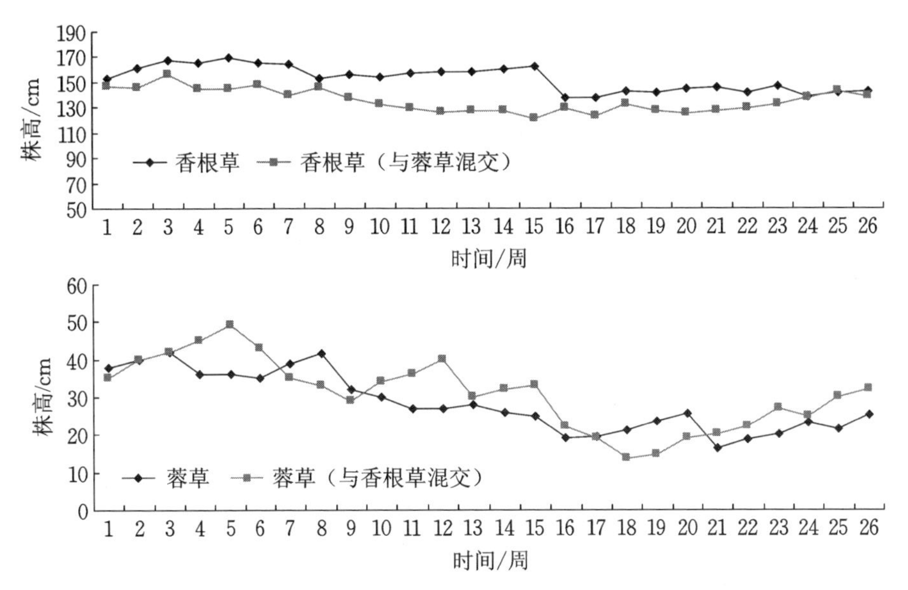

图 3-29　消落带水位变化对香根草混交蓉草株高的影响

(2)对叶长和叶宽的影响。

如图 3-30 所示，消落带单种香根草的叶长和混交蓉草的香根草叶长变化基本一致且相互交叉，说明消落带香根草是否混交蓉草对叶长无明显影响。消落带上单种蓉草的叶长明显小于混交香根草的蓉草叶长，说明消落带上蓉草混交香根草对蓉草的叶长生长有明显的有利影响。

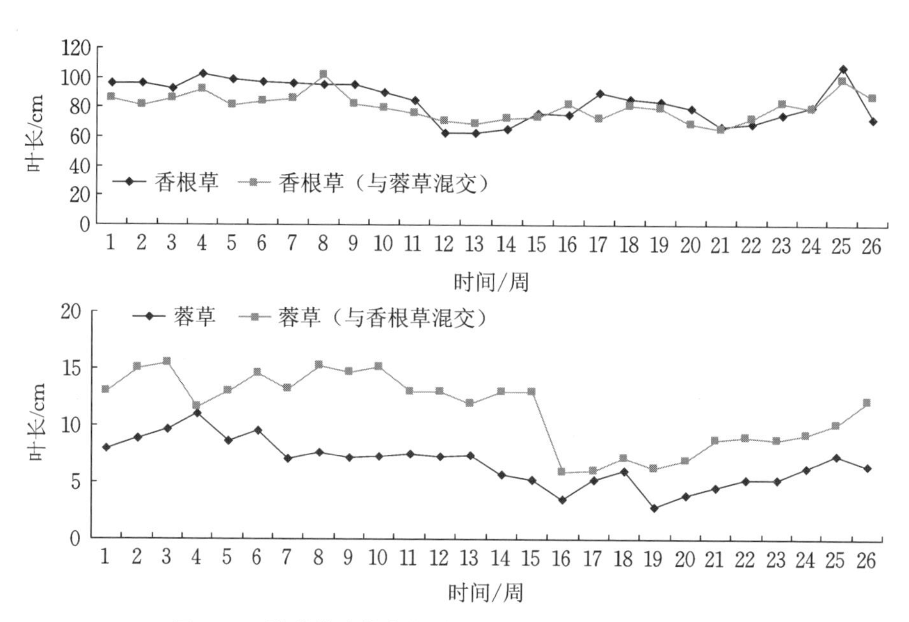

图 3-30　消落带水位变化对香根草混交蓉草叶长的影响

如图 3-31 所示，消落带单种香根草的叶宽呈现先降低趋势，后逐渐稳定在 0.7 cm 左右，混交蓉草后的香根草叶宽基本稳定在 0.8～0.9 cm。说明混交蓉草对香根草叶宽生长有利。消落带单种蓉草的叶宽、混交香根草的蓉草叶宽均呈现逐渐降低再趋于稳定的状态，但混交香根草的蓉草叶宽明显大于单种蓉草的叶宽，差值为 0.10～0.25 cm。说明香根草、蓉草混交对两者的叶宽生长均有利。

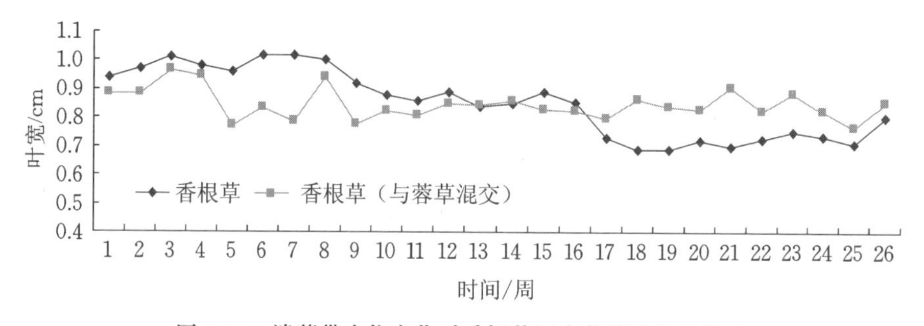

图 3-31　消落带水位变化对香根草混交蓉草叶宽的影响

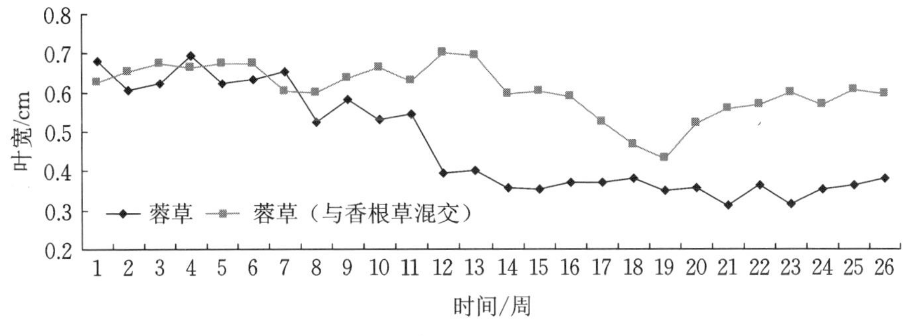

续图 3-31

(3)对分蘖数的影响。

如图 3-32 所示，随着试验延长，香根草分蘖数变化不大，但和蓉草混交后香根草的分蘖数比单种香根草的分蘖数要少 5 株左右。蓉草分蘖数均呈现先下降后趋于稳定的状态，但混交后蓉草的分蘖数均比单种香根草的分蘖数要多 1～2 株。说明消落带香根草混交蓉草对香根草分蘖有抑制作用，对蓉草有促进作用。

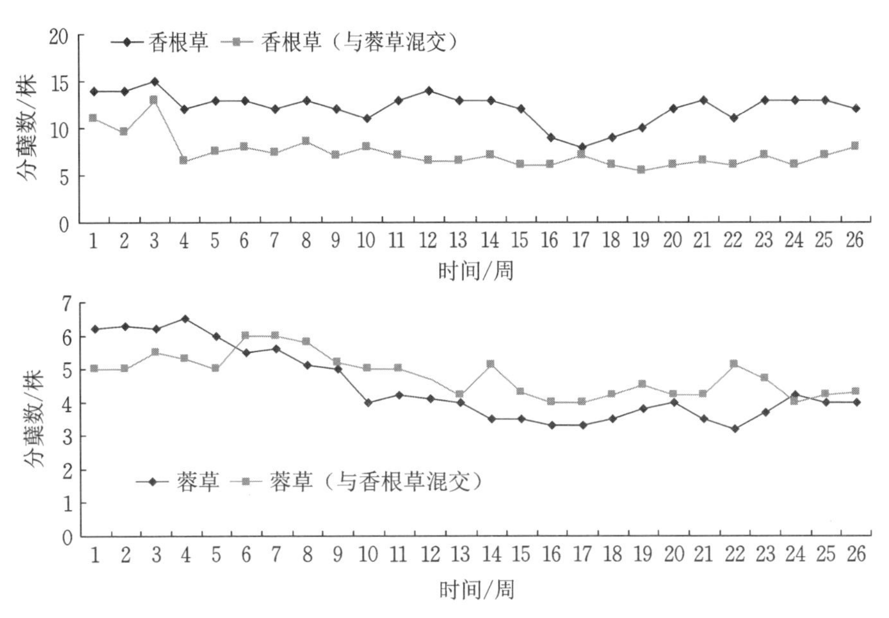

图 3-32　消落带水位变化对香根草混交蓉草分蘖数的影响

8.消落带水位变化对单种香根草（或单种百喜草）与香根草混交百喜草形态的影响

(1)对株高的影响。

如图 3-33 所示，消落带单种香根草的株高和混交百喜草的香根草株高分别保持在 130 cm 和 150 cm，且单种香根草的株高比混交百喜草的香根草株高整体要高并逐步接近，在第 16 周后较明显稳定在 130～140 cm。说明消落带单种香根草与混交百喜草的香根草种植后，株高变化受持续影响小。

消落带单种百喜草的株高与混交香根草的百喜草株高变化交互进行但趋势一致，表现为逐步降低并稳定在 30 cm，说明消落带的单种百喜草或混交香根草种植，对株高基本无影响。

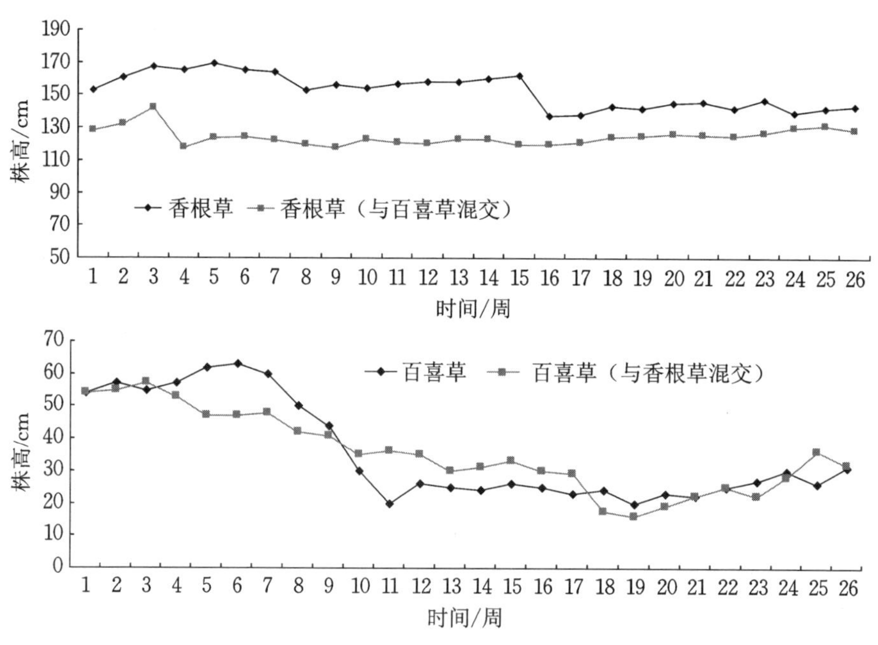

图 3-33　消落带水位变化对香根草混交百喜草株高的影响

(2)对叶长和叶宽的影响。

如图 3-34 所示，消落带单种香根草的叶长和混交百喜草的香根草叶长变化基本一致且相互交叉。说明消落带香根草是否跟百喜草混交对叶长无明显影响。消落带单种百喜草的叶长与混交香根草的百喜草叶长均表现为逐渐降低并趋于稳定，指标值基本接近。

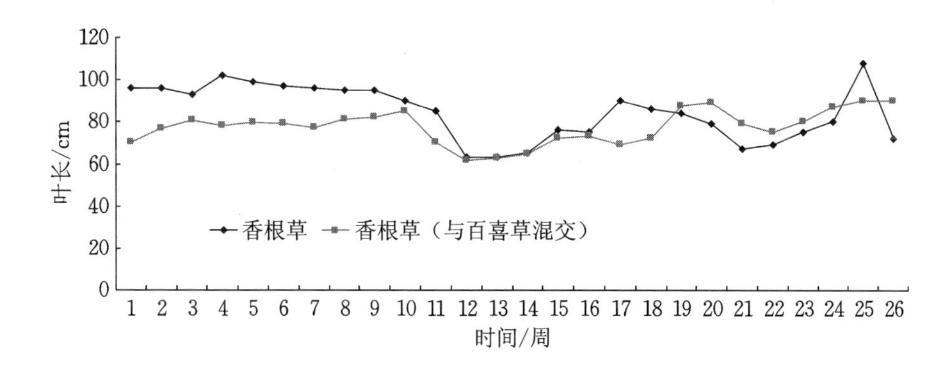

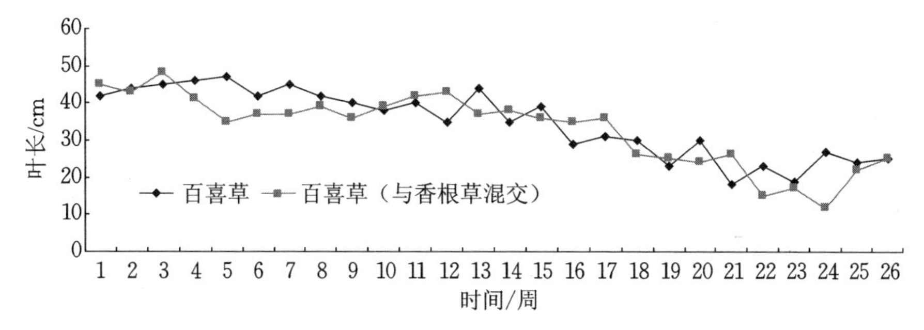

图 3-34 消落带水位变化对香根草混交百喜草叶长的影响

如图 3-35 所示，消落带单种香根草的叶宽呈现降低趋势，后逐渐稳定在 0.7 cm，混交百喜草后的香根草叶宽基本稳定在 0.8～0.9 cm，说明混交百喜草对香根草叶宽生长有利。百喜草叶宽则呈现先平缓过渡再于第 15 周后上升的趋势，第 19 周后混种的百喜草叶宽比单种的百喜草宽 0.06～0.13 cm，说明消落带上与香根草混种对百喜草的叶宽生长有利。

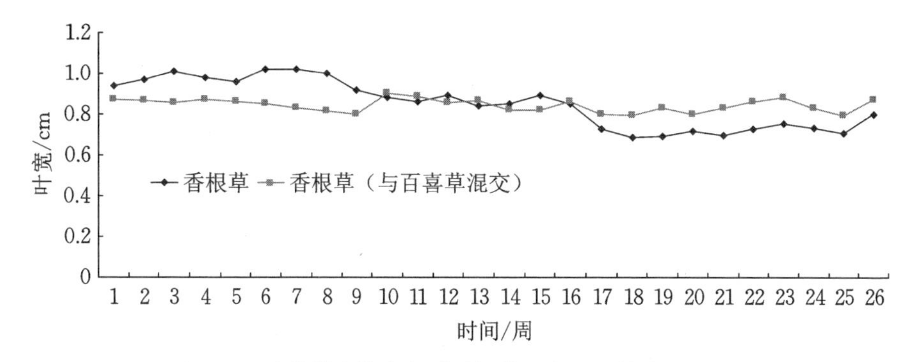

图 3-35 消落带水位变化对香根草混交百喜草叶宽的影响

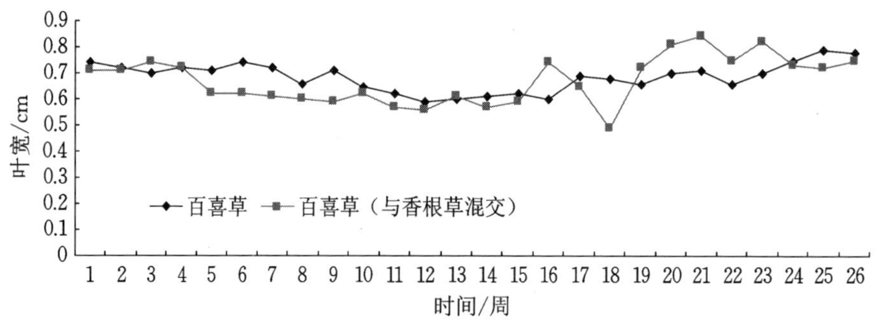

续图 3-35

(3)对分蘖数的影响。

如图 3-36 所示，随着试验延长，单种混交的香根草分蘖数均有波动，后趋于稳定，初期混交后香根草的分蘖数比单种香根草的分蘖数少 3～5 株，第 15 周后分蘖数基本趋近，均稳定在 10～12 株。说明消落带香根草与百喜草混交后分蘖先减少后恢复适应。

随着试验延长，消落带单种、混交的百喜草分蘖数均呈现平稳状态，第 20 周后呈上升趋势，但混种百喜草的分蘖数平均比单种百喜草要少 1～3 株，说明消落带上与香根草混种对百喜草分蘖有一定抑制作用。

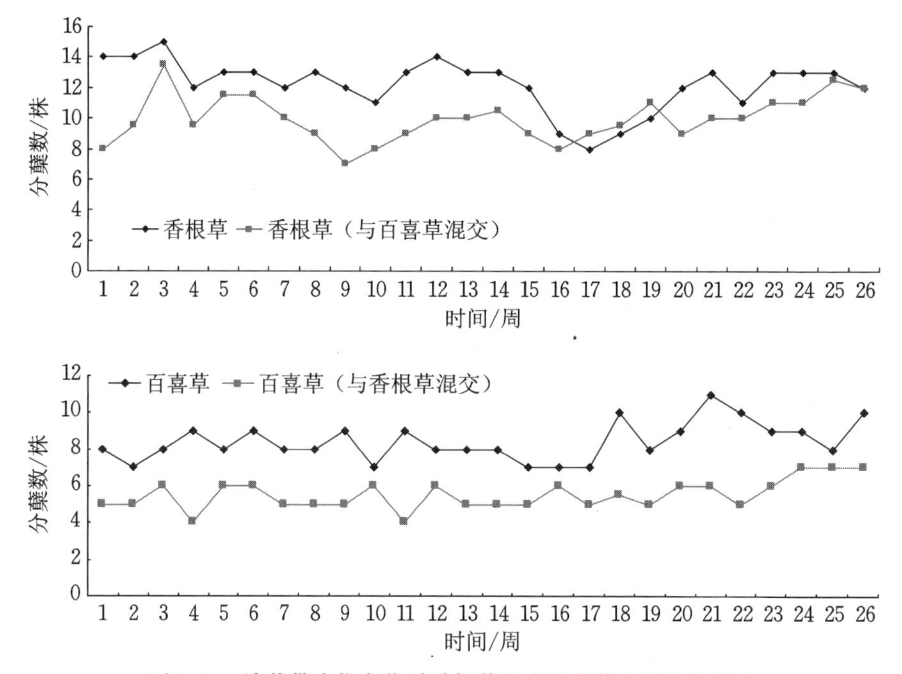

图 3-36　消落带水位变化对香根草混交百喜草分蘖数的影响

3.2.2 消落带水位变化对不同草种恢复效果的影响关系

1.消落带水位变化对香根草恢复效果的影响

(1)对成活率的影响。

由图 3-37 可知,试验期间岸坡上种植的香根草全部成活,消落带上香根草成活率在第 18 周开始下降,第 22～26 周稳定在 85%,第 27 周后再上升至 90%。说明香根草成活率受到水位变化的影响,原因可能是冬季水温变化较大。

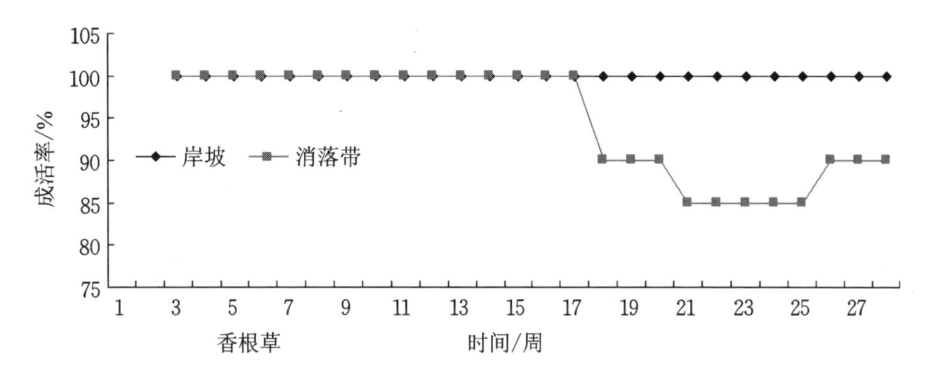

图 3-37 消落带水位变化对香根草成活率的影响

(2)对覆盖率的影响。

如图 3-38 结果所示,试验期间岸坡上种植的香根草覆盖率保持在 80%～90%,消落带上种植的覆盖率从开始下降至第 15 周,后稳定在 40%～50%。说明香根草覆盖率受水位变化的影响整体降低。

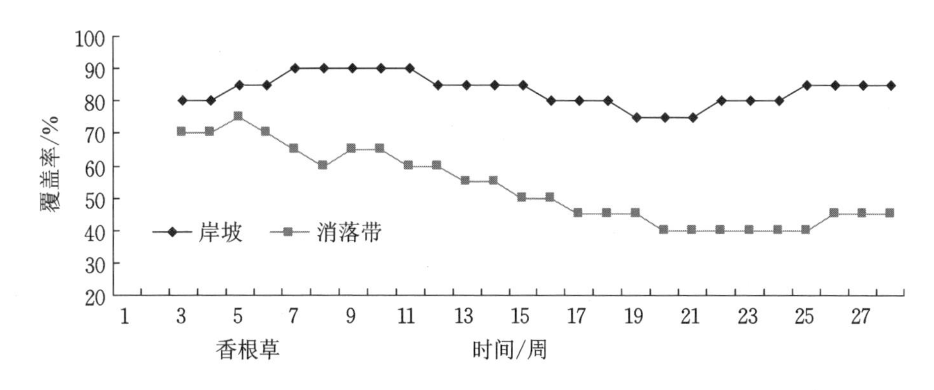

图 3-38 消落带水位变化对香根草覆盖率的影响

2.消落带水位变化对狗牙根恢复效果的影响

(1)对成活率的影响。

由图3-39可知,试验期间岸坡上种植的狗牙根成活率基本保持在90%以上,消落带的狗牙根成活率则从第13周开始由100%迅速下降至第16～23周稳定在60%,第24周后逐渐上升至80%。说明狗牙根成活率受水位变化影响短期下降,后期可恢复至80%。

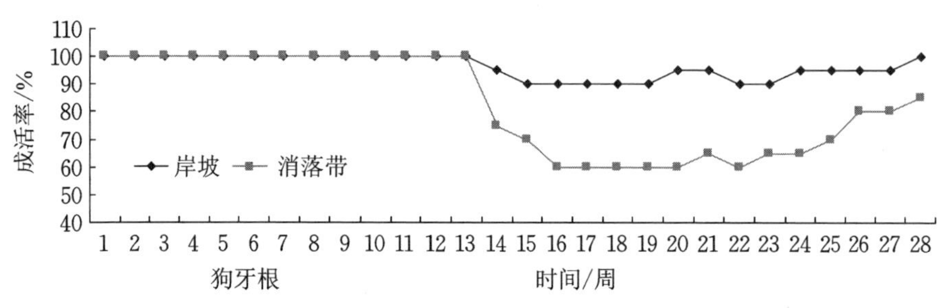

图3-39 消落带水位变化对狗牙根草成活率的影响

(2)对覆盖率的影响。

由图3-40可知,试验期间岸坡和消落带上种植的狗牙根覆盖率均呈现先下降后恢复到一定水平的现象,但消落带狗牙根覆盖率下降更明显,第19～25周甚至为零。说明在水位变化影响下,狗牙根覆盖率下降很明显。

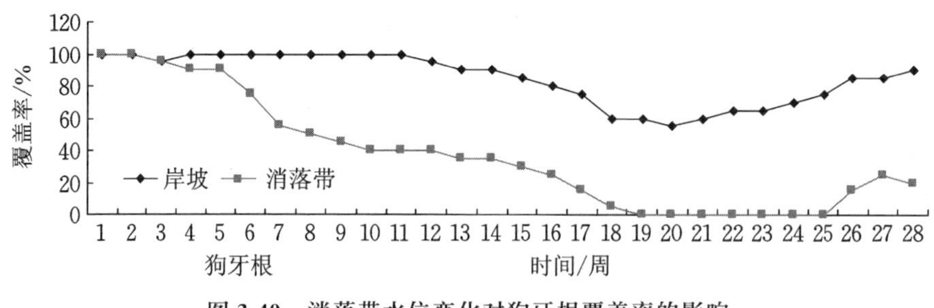

图3-40 消落带水位变化对狗牙根覆盖率的影响

3.消落带水位变化对蓉草恢复效果的影响

(1)对成活率的影响。

由图3-41可知,试验期间岸坡上种植的蓉草成活率基本保持在100%,消落带的蓉草存活率则在第7周开始持续下降、第14周后稳定在70%。说明香根草成活率在水位变化的影响下呈下降趋势。

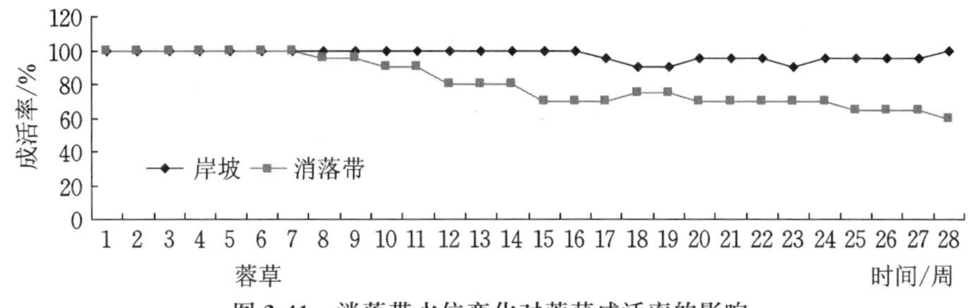

图 3-41　消落带水位变化对蓉草成活率的影响

(2)对覆盖率的影响。

由图 3-42 可知,试验期间岸坡上种植的蓉草覆盖率基本保持在 80%以上,消落带的蓉草覆盖率则在第 4 周开始迅速下降,第 12 周后稳定在 5%。说明在水位变化影响下蓉草覆盖率下降很大。

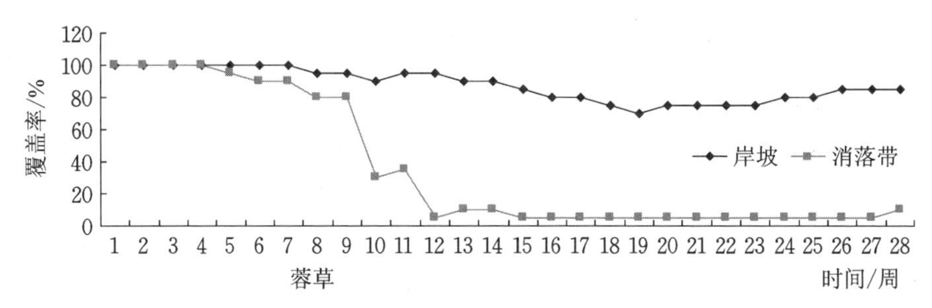

图 3-42　消落带水位变化对蓉草覆盖率的影响

4.消落带水位变化对类芦恢复效果的影响

(1)对成活率的影响。

由图 3-43 可知,试验期间岸坡上种植的类芦成活率一直保持在 100%,消落带的类芦成活率则在第 2 周开始就出现死亡,至第 5 周全部死亡。说明类芦不适合在消落带上生长。

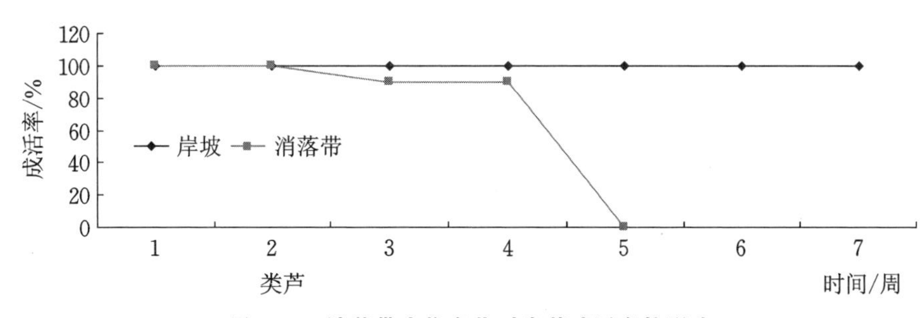

图 3-43　消落带水位变化对类芦成活率的影响

(2)对覆盖率的影响。

由图 3-44 可知，试验期间岸坡上种植的类芦覆盖率为 50%，消落带的类芦覆盖率则在第 3～4 周由 30%开始下降，第 5 周全部死亡。说明类芦不适合在消落带上生长。

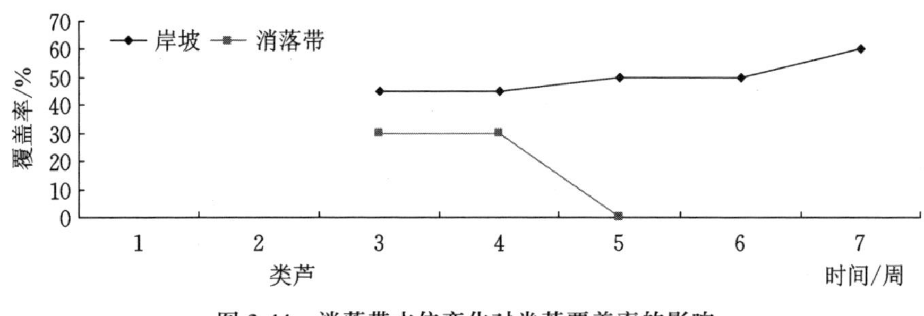

图 3-44 消落带水位变化对类芦覆盖率的影响

5.消落带水位变化对百喜草恢复效果的影响

(1)对成活率的影响。

由图 3-45 可知，试验期间岸坡上种植的百喜草成活率前期保持在 100%，在第 20 周下降至 95%。消落带的百喜草成活率则从第 18 周开始由 100%下降至第 20 周，后稳定在 90%。说明百喜草成活率受水位变化影响存在一定程度下降，同时，冬季气温下降可能使消落带的百喜草成活率比岸坡百喜草的成活率下降时间更早，且下降幅度更大。

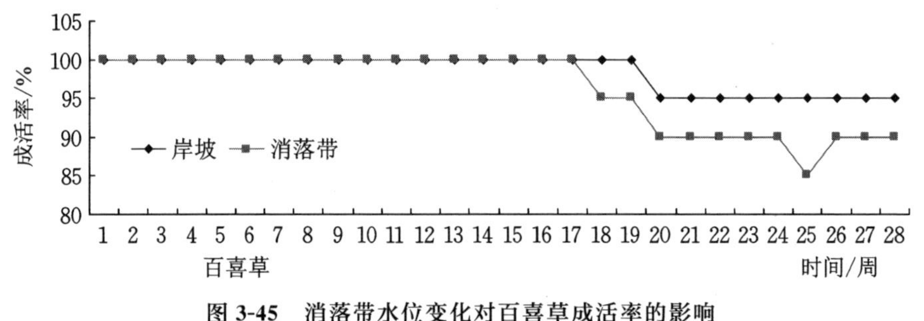

图 3-45 消落带水位变化对百喜草成活率的影响

(2)对覆盖率的影响。

由图 3-46 可知，试验期间岸坡和消落带种植的百喜草覆盖率均呈现先逐渐下降，后又恢复的趋势。但消落带种植的百喜草覆盖率比岸坡百喜草开始下降的时间更早，且下降幅度更大。

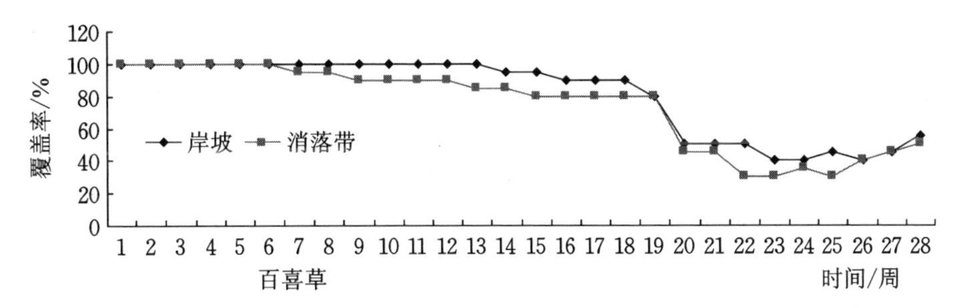

图 3-46 消落带水位变化对百喜草覆盖率的影响

6.消落带水位变化对香根草混交狗牙根恢复效果的影响

(1)对成活率的影响。

由图 3-47 可知,试验期间单种香根草的成活率及混交狗牙根的香根草成活率前期均保持在 100%,第 15 周开始下降并逐步稳定在 85%~90%,且混交狗牙根的香根草成活率比单种香根草的成活率略高。单种狗牙根的成活率及混交香根草的狗牙根成活率与香根草的变化趋势相似,下降时间提前至第 11 周出现。说明香根草、狗牙根单种和两种混交的成活率受水位变化的影响,会表现出一定程度的下降,但混交后两者的成活率均比单种有一定提高。

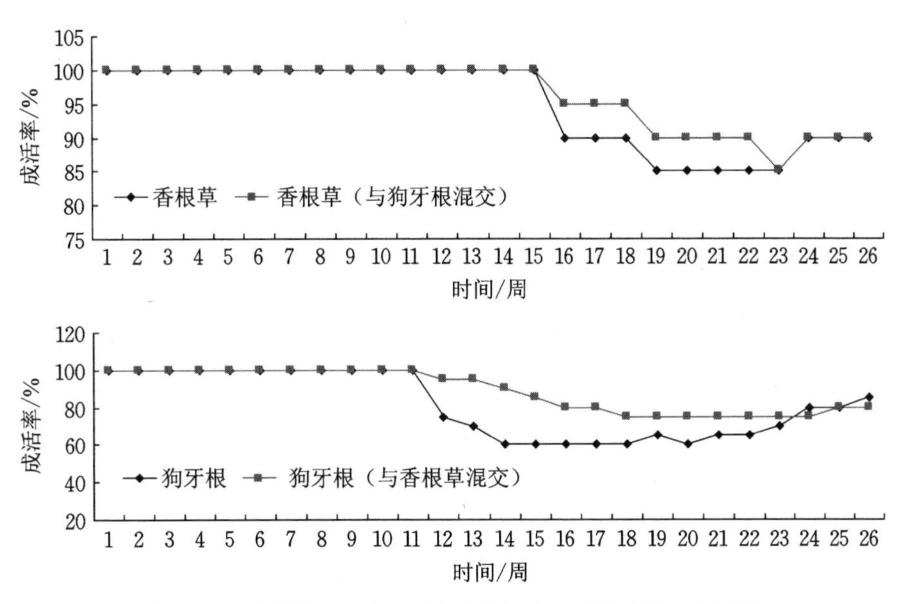

图 3-47 消落带水位变化对香根草混交狗牙根成活率的影响

(2)对覆盖率的影响。

由图3-48可知，试验期间单种香根草的覆盖率及混交狗牙根的香根草覆盖率均出现下降趋势至第13周保持在40%～50%，且前期单种香根草的覆盖率比混交的覆盖率高，后期混交狗牙根的香根草覆盖率比单种香根草的覆盖率稍高。单种狗牙根的覆盖率及混交香根草的狗牙根覆盖率也呈现下降的趋势，但前期混交香根草的狗牙根覆盖率比单种狗牙根的覆盖率高，后期单种狗牙根的覆盖率比混交香根草的狗牙根的覆盖率略高。说明香根草、狗牙根单种及两者混交的覆盖率受水位变化的影响而下降。

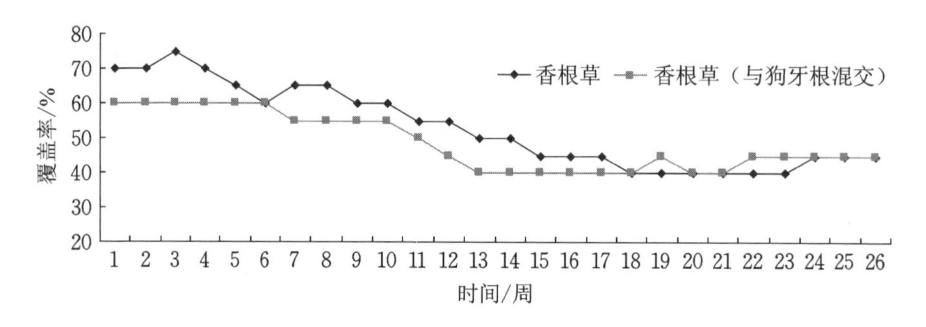

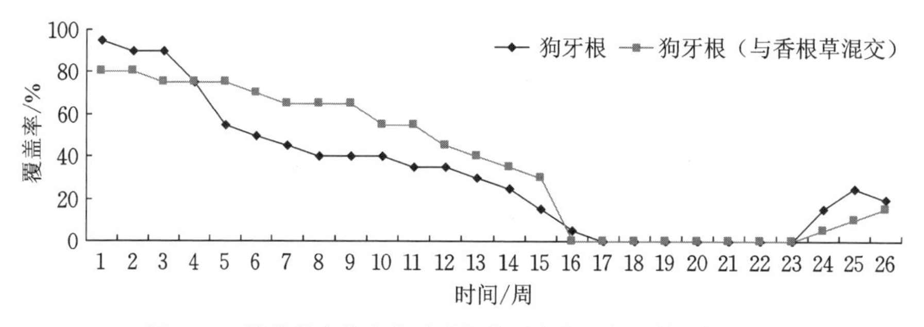

图3-48 消落带水位变化对香根草混交狗牙根覆盖率的影响

7.消落带水位变化对香根草混交蓉草恢复效果的影响

(1)对成活率的影响。

由图3-49可知，试验期间单种香根草的成活率及混交蓉草的香根草成活率前期均保持在100%，分别在第15和11周开始下降并逐步稳定在90%，且混交蓉草的香根草成活率比单种香根草的成活率高约5%。单种蓉草的成活率及混交香根草的蓉草成活率也呈现逐步下降的趋势，后稳定在70%～80%，且混交香根草的蓉草成活率比单种蓉草的成活率高5%～10%。说明香根草、蓉草单种及两者混交的成活率受水位变化的影响出现下降情况，但总体上混交后两者的成活率均比单种有一定提高。

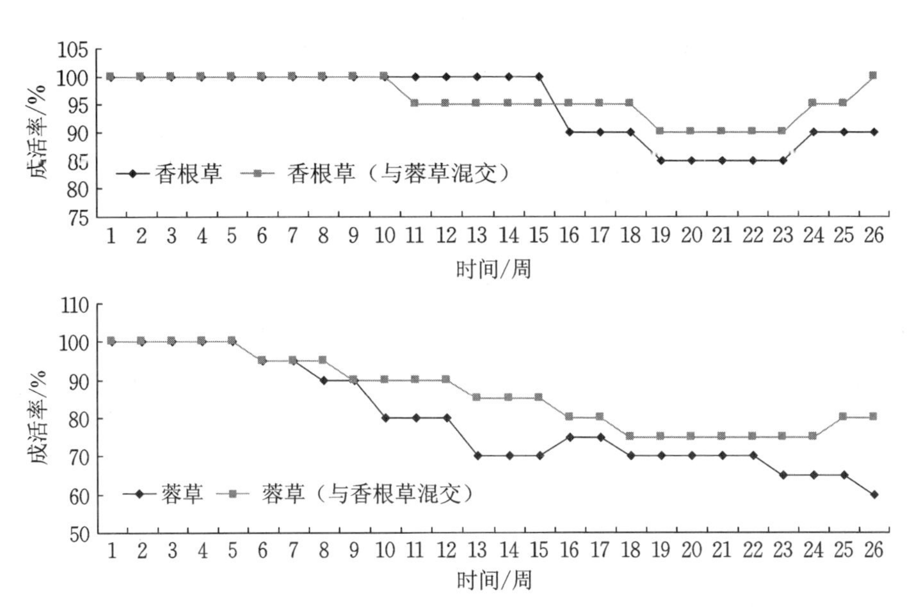

图 3-49　消落带水位变化对香根草混交蓉草成活率的影响

(2)对覆盖率的影响。

由图 3-50 可知，试验期间单种香根草的覆盖率及混交蓉草的香根草覆盖率均出现下降趋势，第 13 周后保持在 40%，且前期单种香根草的覆盖率比混交蓉草的香根草

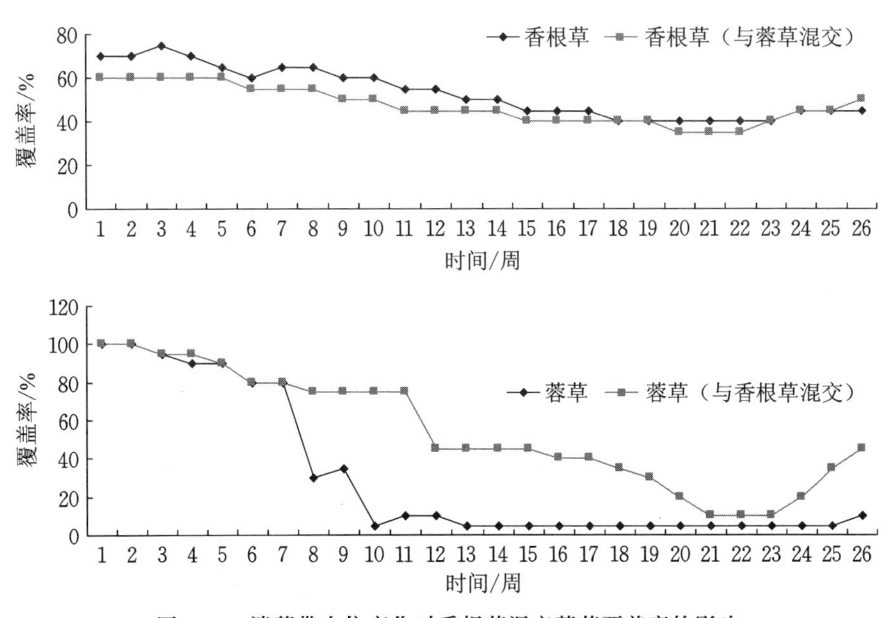

图 3-50　消落带水位变化对香根草混交蓉草覆盖率的影响

覆盖率高，后期出现混交蓉草的香根草覆盖率比单种香根草的覆盖率稍高的情况。单种蓉草的覆盖率及混交香根草的蓉草覆盖率呈现下降趋势，但混交香根草的蓉草覆盖率比单种蓉草的覆盖率高。说明香根草、蓉草单种及两者混交的覆盖率受水位变化的影响均出现下降情况，但总体上混交的覆盖率比单种的覆盖率均有提高。

8.消落带水位变化对香根草混交百喜草恢复效果的影响

(1)对成活率的影响。

由图3-51可知，试验期间单种香根草的成活率及混交百喜草的香根草的成活率前期均保持在100%，分别在第15周和第19周开始下降，第23周后分别恢复至90%和100%。其中单种香根草的成活率下降较多，且第19～23周最低为85%，混交百喜草的香根草成活率仅在第22～23周为90%。说明单种香根草的成活率及混交百喜草的香根草成活率受水位变化的影响均出现下降现象，但总体上混交后两者的成活率均比单种有一定提高。

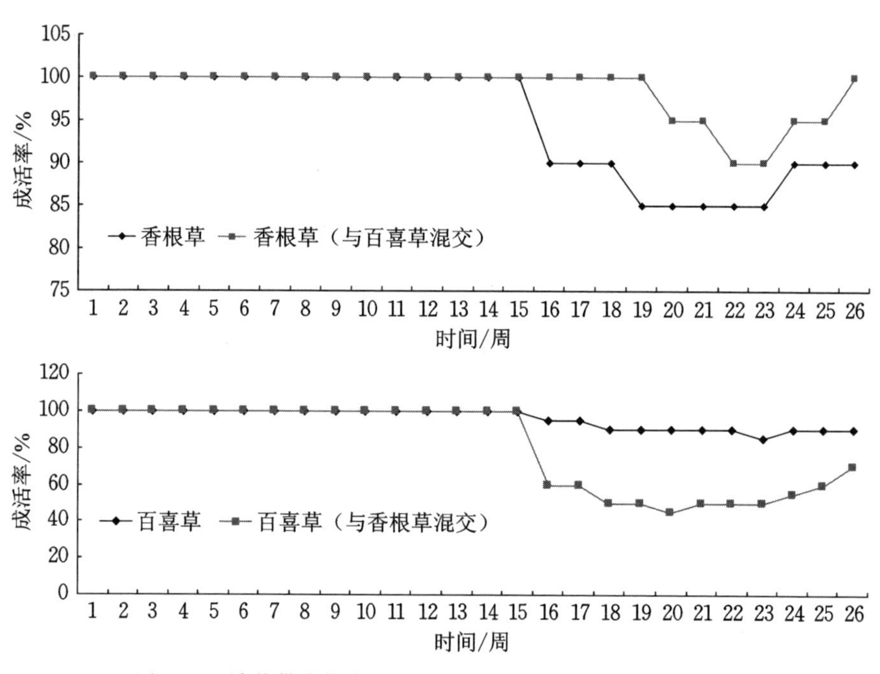

图3-51　消落带水位变化对香根草混交百喜草成活率的影响

试验期间消落带单种百喜草的成活率及混交香根草的百喜草成活率均在第15周后呈现下降趋势，单种百喜草的成活率下降至90%后基本趋于稳定；混交香根草的百喜草成活率下降至55%～60%后呈现逐步回升的趋势，第26周达到70%。说明消落带单种百喜草的成活率受水位变化的影响不显著，水位变化对混交香根草的百喜草成活率有短期抑制影响，原因可能是冬季水温较低，混交成活率下降较明显。

(2)对覆盖率的影响。

由图 3-52 可知，试验期间单种香根草的覆盖率及混交百喜草的香根草覆盖率均出现下降趋势，第 18 周后分别保持在 40% 和 60%，且混交百喜草的香根草覆盖率比单种香根草的覆盖率要高 10%～20%。说明单种香根草的覆盖率及混交百喜草的香根草覆盖率受水位变化的影响出现一定程度的下降，但总体上混交百喜草的香根草覆盖率比单种香根草的覆盖率略高。

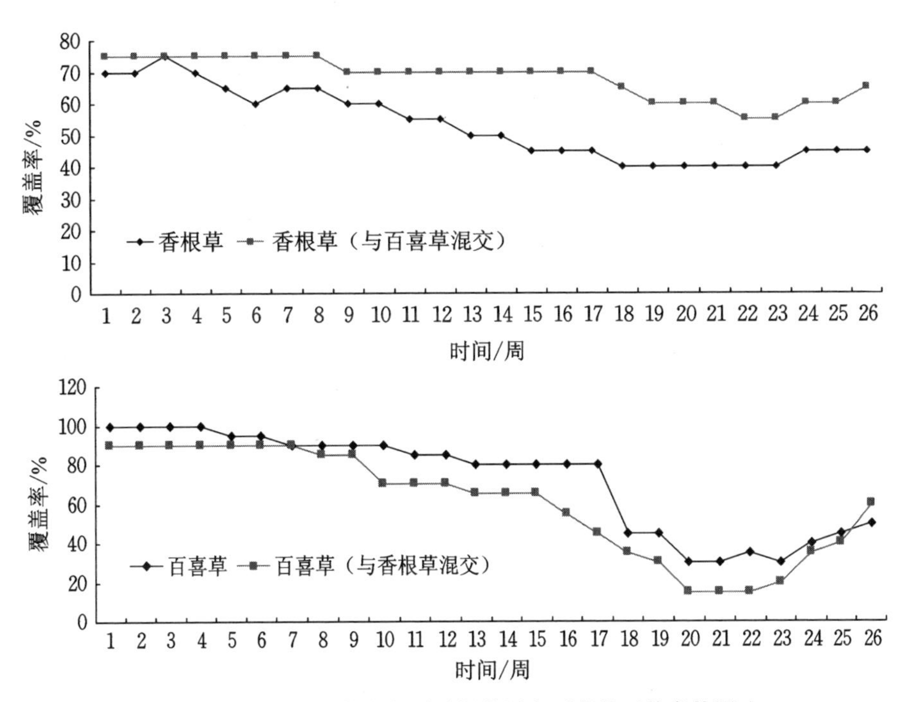

图 3-52　消落带水位变化对香根草混交百喜草覆盖率的影响

试验期间消落带单种百喜草的覆盖率及混交香根草的百喜草覆盖率呈现先平缓下降后再上升的趋势，第 20～23 周覆盖率降到最低，分别为 30% 和 15%，之后随着气温回升而有所升高，但总体来看，消落带上混交香根草的百喜草覆盖率比单种百喜草的覆盖率均要低 10%～15%。

3.2.3　消落带水位变化周期延长对不同草种的影响

按照试验设计，对模拟水库消落带水位变化周期由 7 天调整为 15 天的消涨规律，每隔15天蓄水或排水一次，蓄水到设计最大水位2.5 m，排水时将水位降至固定水深1.0 m。

经过两轮试验，百喜草、狗牙根全部死亡，香根草成活率还能达到65%，水位下降5天后蓉草重新生长出苗，分析原因可能是蓉草株高较大，试验水位没有全部没顶受淹。第三轮试验后，蓉草也全部死亡，香根草成活率仍有40%以上。

模拟水库消落带植物生长状况如图3-53所示。

1#模拟水库消落带植物生长状况（2015年11月17日）

1#模拟水库消落带植物生长状况（2015年11月17日）

2#模拟水库消落带植物生长状况（2015年11月17日）

2#模拟水库消落带植物生长状况（2015年11月20日）

图3-53　模拟水库消落带植物生长状况

3.2.4　消落带种植不同草种与土壤养分变化

1.消落带种植香根草与土壤养分变化

分别对种植香根草前、种植后各试验处理的土壤肥力进行检测，结果见图3-54。

从图3-54可以看出，pH值表现为香根草混植区>香根草单种区>对照区，对照区呈强酸性，香根草单种区和混植区的pH值分别比对照区提高0.73和0.90，表明种植香根草有利于缓和土壤酸度。

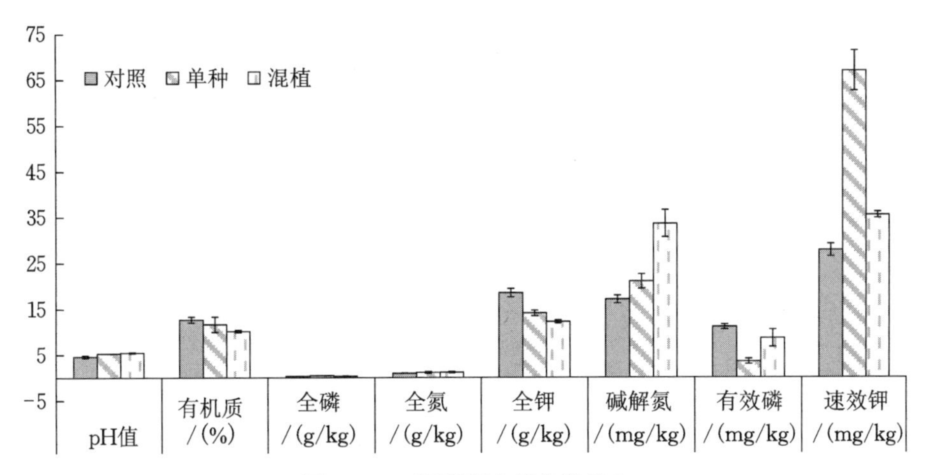

图 3-54　不同处理土壤化学养分

土壤中有机质表现为对照区>香根草单种区>香根草混植区，种植植物后有机质含量降低，种植区有机质含量是对照区的 0.8～0.9 倍，可能是香根草生长速度快，消耗养分大引起的。

土壤中全氮和碱解氮含量表现为香根草混植区>香根草单种区>对照区，土壤全氮含量处理区分别是对照区的 1.22 倍和 1.17 倍，碱解氮含量处理区分别是对照区的 1.97 倍和 1.23 倍。表明香根草生长对氮肥消耗较大，活化速效态氮作用显著。与有机质变化情况相比，单种香根草可以促进有机质分解和活化速效态氮，混植后对氮的转化和活化效果更明显。

红壤土中全磷含量整体偏低，各种植区数值变化不显著，说明香根草不同的种植方案对土壤全磷含量影响不大，主要与土壤母质有关。

土壤有效磷表现为对照区>香根草混植区>香根草单种区，香根草单种区和混植区分别是对照区的 0.32 倍和 0.78 倍，可能是香根草生物量大、生长快，消耗养分多引起的，同时可以看出混植可提高有效磷含量。

土壤中全钾含量表现与有机质变化基本一致，速效钾含量为香根草单种区>香根草混植区>对照区，处理区速效钾含量分别是对照区的 2.41 倍和 1.28 倍，表明香根草生长对土壤全钾影响不大，主要与土壤母质有关，但活化速效态钾作用显著。

2.消落带种植狗牙根与土壤养分变化

分别对种植狗牙根草前、种植后各试验处理的土壤肥力进行检测，结果见表 3-3。

表 3-3　不同处理土壤化学养分特征

处理样方		pH 值	有机质/(%)	全磷/(g/kg)	全氮/(g/kg)	全钾/(g/kg)	碱解氮/(mg/kg)	有效磷/(mg/kg)	速效钾/(mg/kg)
对照区		4.6	1.27	0.32	0.95	18.5	17.1	11.1	27.8
处理区	狗牙根	5.8	2.24	0.30	1.12	16.3	26.4	8.2	40.3
	狗牙根(混植香根草)	5.25	1.04	0.31	0.66	36.2	24.6	3.75	35.3

从表 3-3 可以看出,pH 值表现为单种狗牙根区＞狗牙根(混植香根草)区＞对照区,对照区呈强酸性,狗牙根单种区和混植区的 pH 值分别比对照区提高 1.2 和 0.65,表明种植狗牙根有利于缓和土壤酸度,单种的效果比混植香根草更好,混植后缓和程度降低了一半。

土壤中有机质表现为单种狗牙根区＞对照区＞狗牙根(混植香根草)区,其中单种区有机质含量比对照区提高近 1.0 倍,表明狗牙根对提高消落带土壤有机质含量也有关键作用;但狗牙根(混植香根草)区有机质含量是对照区的 0.82 倍,可能是混植方式引起的。

土壤中全氮含量表现与有机质变化一致,碱解氮含量为单种狗牙根区＞狗牙根(混植香根草)区＞对照区,处理区碱解氮含量分别是对照区的 1.54 倍和 1.43 倍,表明狗牙根生长可促进有机质分解,提高土壤全氮含量,而且活化速效态氮作用显著。

土壤中全磷含量较稳定,处理区和对照区之间的差异并不显著,表明狗牙根各种植方式对土壤全磷含量影响不大,主要与土壤母质有关。土壤有效磷含量表现为对照区＞单种狗牙根区＞狗牙根(混植香根草)区,单种区、混植区速效磷含量分别是对照区的 0.74 倍和 0.34 倍,可能是狗牙根草生长吸收或钝化有效磷引起的。

土壤中全钾含量表现为狗牙根(混植香根草)区＞对照区＞单种狗牙根区,分别是对照区的 1.96 倍和 0.88 倍,速效钾含量表现为单种狗牙根区＞狗牙根(混植香根草)区＞对照区,处理区速效钾含量分别是对照区的 1.45 倍和 1.27 倍,表明狗牙根草生长对钾肥消耗较大,活化速效态钾作用显著。与有机质变化情况相对比,狗牙根促进了有机质分解和活化速效态钾,混植后有机质分解含量可能达不到植物生长所需养分,出现了一定下降。

3.消落带种植蓉草与土壤养分变化

分别对种植蓉草前、种植后各试验处理的土壤肥力进行检测,结果见表 3-4。

表 3-4　不同处理土壤化学养分特征

处理样方		pH 值	有机质 /(%)	全磷 /(g/kg)	全氮 /(g/kg)	全钾 /(g/kg)	碱解氮 /(mg/kg)	有效磷 /(mg/kg)	速效钾 /(mg/kg)
对照区		4.6	1.27	0.32	0.95	18.5	17.1	11.1	27.8
处理区	蓉草 1＃A	5.7	1.10	0.20	1.02	12.6	24.5	5.1	40.1
	蓉草 1＃C	5.5	1.16	0.25	0.69	12.8	20.6	3.0	45.5
	蓉草(混植香根草)	5.3	0.82	0.20	1.31	11.9	34.4	11.6	36.0

从表 3-4 可以看出，pH 值表现为单种蓉草区＞蓉草(混植香根草)区＞对照区，蓉草单种区和混植区的 pH 值分别比对照区显著提高 1.0 和 0.7，表明种植蓉草有利于缓和土壤酸度。

土壤中有机质表现为对照区＞单种蓉草区＞蓉草(混植香根草)区，其中单种区、混植区有机质含量分别比对照区降低 9%～15%、35%，说明蓉草生长对消落带土壤有机质消耗较大，混植香根草后消耗更大。

土壤中全氮、碱解氮含量表现为蓉草(混植香根草)区＞单种蓉草区＞对照区，全氮在处理区分别是对照区的 1.4 倍和 1.07 倍，碱解氮在处理区分别是对照区的 2 倍和 1.2～1.4 倍，表明蓉草对提高土壤中的氮含量和活化土壤氮有显著作用显著。与有机质变化情况相对比，土壤有机质分解可能赶不上蓉草生长所需养分，有机质含量出现了一定下降。

土壤中全磷含量表现为对照区＞单种蓉草区＞蓉草(混植香根草)区，有效磷含量则表现为蓉草(混植香根草)区＞对照区＞单种蓉草区，土壤有效磷在单种区降低 50%～70%，混植区反而有所提高，表明蓉草的不同种植方案对土壤全磷和有效磷消耗多，但混植区全磷含量提高可能是香根草对有效磷活化作用引起的。

土壤中全钾含量表现为对照区＞单种蓉草区＞蓉草(混植香根草)区，速效钾含量表现为单种蓉草区＞蓉草(混植香根草)区＞对照区，表明蓉草生长对土壤中的钾吸收多，同时活化速效态钾作用显著，分别是对照区的1.64 倍和 1.3 倍。

4.消落带种植类芦与土壤养分变化

分别对种植类芦前、种植后各试验处理的土壤肥力进行检测，结果见表 3-5。

表 3-5　不同处理土壤化学养分特征

处理样方		pH 值	有机质/(%)	全磷/(g/kg)	全氮/(g/kg)	全钾/(g/kg)	碱解氮/(mg/kg)	有效磷/(mg/kg)	速效钾/(mg/kg)
对照区		4.6	1.27	0.32	0.95	18.5	17.1	11.1	27.8
处理区	类芦 2＃B	5.2	1.67	0.41	0.79	18.8	29.3	7.2	90.4
	类芦 2＃C	5.3	1.41	0.44	0.74	25.0	33.8	16.4	141

从表 3-5 可以看出，对照区呈强酸性，两个处理区 pH 值比对照区提高 0.6～0.7 个单位，表明种植类芦有利于缓和土壤酸度。土壤中有机质含量表现为类芦区比对照区提高了 1.1～1.3 倍，表明类芦种植促进了消落带土壤有机质分解、提高了有机质含量。

土壤中全磷、全钾、碱解氮、有效磷、速效钾含量基本上表现为类芦区＞对照区，其中类芦区速效钾含量比对照区提高 3.3～5.0 倍，类芦区碱解氮含量比对照区提高 1.7～2.0 倍，同时全氮含量下降 20％，表明类芦生长对氮肥消耗较大，活化速效态钾和氮作用显著。

5.消落带种植百喜草与土壤养分变化

分别对百喜草种植前、种植后各试验处理的土壤肥力进行检测，结果见表 3-6。

表 3-6　不同处理土壤化学养分特征

处理样方		pH 值	有机质/(%)	全磷/(g/kg)	全氮/(g/kg)	全钾/(g/kg)	碱解氮/(mg/kg)	有效磷/(mg/kg)	速效钾/(mg/kg)
对照区		4.6	1.27	0.32	0.95	18.5	17.1	11.1	27.8
处理区	百喜草	5.9	1.34	0.36	0.74	18.4	20.6	12.4	99.4
	百喜草(混植香根草)	5.7	0.97	0.35	1.29	11.9	38.4	9.2	107

从表 3-6 可以看出，pH 值表现为单种百喜草区＞百喜草(混植香根草)区＞对照区，对照区呈强酸性，百喜草单种区和混种区的 pH 值均呈微酸性，分别比对照区显著提高 1.3 和 1.1，表明种植百喜草有利于缓和土壤酸度，与林桂志的试验结果一致。

土壤中有机质表现为单种百喜草区＞对照区＞百喜草(混植香根草)区，其中单种区有机质含量是对照区的 1.06 倍，与林桂志、李新虎等分别在厦门集美、江西德安的试验结果一致，表明百喜草对提高消落带土壤有机质含量同样起关键作用；但百喜草(混植香根草)区是对照区的 0.76 倍，可能是混植方式引起的。

土壤中氮含量整体偏低，全氮含量表现为百喜草(混植香根草)区＞对照区＞单种百喜草区，碱解氮含量表现为百喜草(混植香根草)区＞单种百喜草区＞对照区，处理区碱解氮含量分别是对照区的2.25倍和1.20倍，说明百喜草生长对氮肥消耗较大，活化速效态氮作用显著。与有机质变化情况相对比，单种百喜草促进了有机质分解和活化速效态氮，混植后有机质分解量可能达不到植物生长所需养分，氮含量出现了一定程度的下降，这也恰好说明土壤有机质是一种稳定而长效的氮源物质。

土壤中磷含量整体偏低，全磷含量较稳定，表现为单种百喜草区＞对照区＞百喜草(混植香根草)区，但差异并不显著，说明百喜草不同的种植方案对土壤全磷含量影响不大，主要与土壤母质有关。土壤有效磷和有机质的变化基本一致，其中单种区有效磷含量是对照区的1.12倍，百喜草(混植香根草)区有效磷含量分别是对照区、单种区的0.83倍和0.74倍，表明百喜草有利于提高土壤有效磷含量，但混植香根草后会使土壤有效磷含量与土壤有机质降低变化相一致，可能是香根草生物量大、生长快、消耗养分多引起的。

土壤中全钾、速效钾含量较高，全钾含量表现与有机质变化基本一致，速效钾含量为百喜草(混植香根草)区＞单种百喜草区＞对照区，处理区速效钾含量分别是对照区的3.85倍和3.58倍，说明百喜草生长对土壤全钾影响不大，主要与土壤母质有关，但活化速效态钾作用显著。

4

水库消落带植被恢复示范

在模拟试验基础上，选取 2 个水库的 5 处消落带进行示范栽种，分别是清远抽水蓄能电站上水库 3 处、惠州抽水蓄能电站下水库 2 处。

4.1 清远抽水蓄能电站上水库示范

4.1.1 上水库主坝左侧示范点

水库位于广东省清远市清新区太平镇境内，距离广州约 75 km。水库设计为周调节运行方式，于 2009 年动工修建，2013 年起水库开始进入蓄水阶段。电站装机容量为 1280 MW，最高净水头为 502.7 m。上水库正常水位为 612.5 m，调节库容为 1055 万立方米；下水库正常水位为 137.7 m，调节库容为 1058 万立方米。

示范点选择在上水库主坝左侧上游的消落带（平缓山凹 605～613 m 高程范围），种植面积约 500 m^2，种植时间为 2013 年 12 月 6 日—12 月 7 日。种植方式采用等高线条带状整地，普通植株分栽，株行距为 10 cm×50 cm。

在种植 3 个月内对植株进行了必要的浇水、施肥。经过观测，15 天内基本完成换苗和重新扎根，半年后成活率 88%、覆盖率 45%。种植 2 年后水库蓄水位达到种植高程，开始水淹阶段，香根草覆盖率达到 60%左右。种植 3 年后水库已经正常运行，水位达到正常蓄水位高程，香根草覆盖率达到 100%（见图 4-1）。

清蓄上水库全貌

苗木种植前检查(2013年12月6日)

图 4-1　示范点种植效果 1

种植2年后效果(2015年10月9日)

种植3年后效果(2016年11月3日)

续图 4-1

4.1.2 上水库 6 号副坝右侧示范点

该示范点选择在清远抽水蓄能电站上水库 6 号副坝右侧的消落带(608～613 m 高程范围),长度约为 1500 m,种植面积约为 7500 m^2。种植时间为 2013 年 12 月 6 日—12 月 7 日。种植方式采用等高线条带状整地,普通植株分栽,株行距为 10 cm×50 cm。同样在种植 3 个月内进行了必要的浇水、施肥。示范点种植效果如图 4-2 所示。

种植前现状(2013年12月6日)

种植现场检查(2013年12月7日)

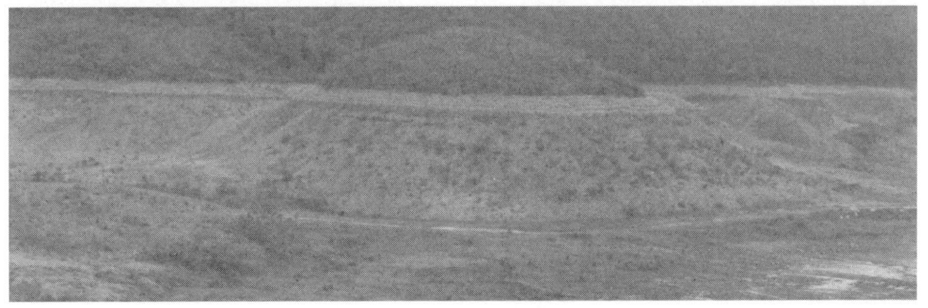
种植2年后效果(2015年10月9日)

图 4-2　示范点种植效果 2

种植2年后效果(2015年11月25日)

种植3年后效果(2016年11月4日)

续图 4-2

经过观测，15 天内基本完成换苗和重新扎根，半年后成活率为 83%，覆盖率为 45%。2 年后覆盖率也达到 60%以上，3 年后覆盖率达到 100%。

4.1.3 上水库 5 号副坝右侧示范点

为进一步向下扩大消落带栽种技术的适用范围，该示范点选择在清远抽水蓄能电站上水库 5 号副坝右侧的消落带(平缓地及坡地 595～610 m 高程范围)，种植面积约为 500 m^2。种植时间为 2015 年 10 月 15 日，种植方式采用等高线条带状整地，普通植株分栽，株行距为 10 cm×50 cm。示范点种植效果如图 4-3 所示。

种植施工现场(2015年10月15日)

种植2天后现状(2015年10月17日)

种植20天后现状(2015年11月25日)

种植9个月后现状(2016年7月22日)

图 4-3 示范点种植效果 3

(1)因水库大坝安全监测工作的蓄水要求,种植 2 天后即开始逐步蓄水接受水淹,10 天后水位回落种苗出露。

(2)20 天后观测发现,在水位 607 m 以上出露的 10 行中,最上部两行约 20%种苗因波浪拍打出现根部出露,种苗有 55%重新扎根并返绿开始生长。

(3)9 个月后观测发现,经过连续水淹环境后,分栽香根草已全部死亡,且大部分栽植穴被掩埋。

4.1.4 土壤—植物检测分析

结合现场实际,分别对主坝左侧示范点香根草种植前后、水淹前后经过各试验处理的土壤肥力和植物指标进行检测(见表 4-1),结果如图 4-4、图 4-5 所示。

表 4-1 香根草试验采样处理设计内容

类别			内容说明	采样时间
土壤	对照		裸土	2013 年 12 月 6 日
	处理	种植 1	种植土	2016 年 7 月 22 日
		种植 2	种植土	2016 年 11 月 2 日
		种植 3	水淹、种植土	2016 年 11 月 2 日
植物	对照		未水淹	2016 年 11 月 2 日
	处理		水淹	2016 年 11 月 2 日

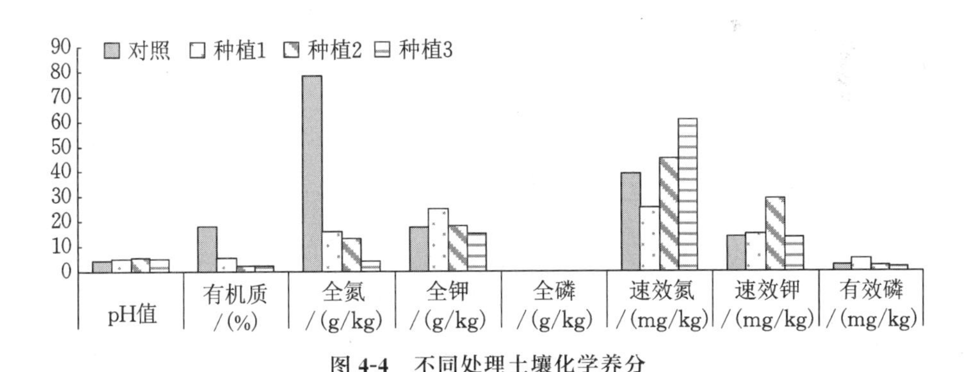

图 4-4 不同处理土壤化学养分

从图 4-4 看出,种植香根草有利于缓和土壤酸度,且不受消落带水位变化影响。种植植物后土壤中有机质含量随时间延长而明显降低,说明香根草生长快,对其消耗大。土壤中全氮含量变化与有机质一致,但碱解氮含量先降后升,说明香根草生长对氮肥消耗较大,活化速效态氮作用显著且受水淹条件的影响小。红壤土中全磷含量整体偏低而种植指标变化不显著;有效磷表现为种植后先升后降,说明种植香根草可活化有效态磷，后期磷含量降低可能是香根草生长快、生物量增大使养分消耗过多引起的。土壤中全钾、速效钾含量先升后降，但全钾含量在未受水淹条件下已呈现下降，速效钾含量下降是在水淹后呈现的，说明消落带水位变化对种植香根草土壤的速效钾含量有明显影响。

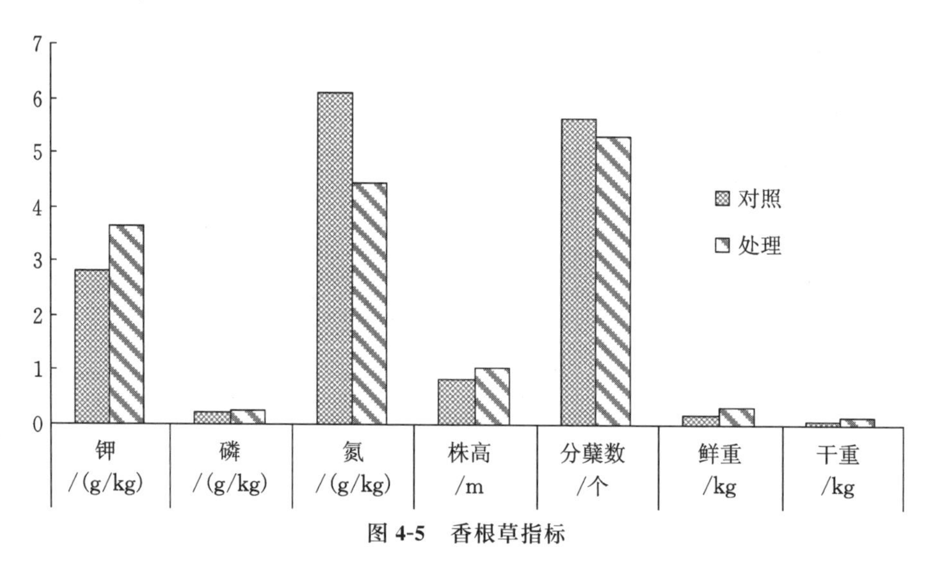

图 4-5 香根草指标

从图 4-5 看出，消落带香根草植株钾、磷、株高、鲜重、干重等指标均高于岸坡的香根草植株指标，说明消落带香根草生长未受消落带水淹影响，生物量继续增大，但植株的氮含量、分蘖数受抑制下降。

相关性分析表明：香根草中钾含量和磷含量呈极显著正相关（$p<0.01$），相关系数为 0.927，钾、磷含量与株高、鲜重、干重呈正相关，与氮含量呈负相关性，但相关系数均没有达到显著性水平，表明增加钾肥和磷肥是促进香根草生长的有效途径。植株中氮含量与株高、鲜重、干重呈显著性负相关（$p<0.05$），相关系数分别为－0.853、－0.856、－0.893，表明植株生长对氮肥消耗量大（见表 4-2）。

表 4-2 香根草生长指标相关性分析

	磷	氮	株高	鲜重	干重
钾	0.927**	－0.763	0.532	0.445	0.473
磷		－0.683	0.443	0.371	0.473
氮			－0.853*	－0.856*	－0.893*
株高				0.983**	0.966**
鲜重					0.994**

注：**表示在 0.01 水平上显著相关，*表示在 0.05 水平上显著相关。

4.2 惠州抽水蓄能电站下水库示范

4.2.1 下水库码头侧示范点

水库位于广东省惠州市博罗县境内，距离广州约 112 km。水库设计为周调节运行方式，于 2010 年建成运行。电站为高水头大容量纯抽水蓄能电站，装机容量为 2400 MW，上水库正常蓄水位为 762 m，死水位为 740 m，调节库容 2740 万立方米；下水库正常蓄水位为 231 m，死水位为 205 m，调节库容 2767 万立方米。

示范点选择在下水库主坝左侧上游的码头处(高程为 220～226 m)，消落带种植面积约 500 m^2，拟采用等高线条带状整地，株行距为 10 cm×50 cm。因该水库已在正常运行期，考虑消落带水位规律性迅速变化使种植后的植株发生漂移的可能性增大，难以固定。项目组采用研制的植株固定器种植、普通分株种植和竹压条带种植等 3 种技术，平行对照观察记录。示范点种植效果如图 4-6 所示。

惠蓄下水库全貌

种植前现状(2014年8月4日)

种植施工中(2016年4月27日)

种植施工中(2016年4月27日)

图 4-6 示范点种植效果

种植15天后效果(2016年5月11日)

种植45天后效果(2016年6月14日)

种植6个月后效果(2016年11月3日)

续图 4-6

现场观测在45天后受水位变化冲刷，普通分株种植存活率约70%，竹压条带种植存活率约30%、植株固定器(已获授权专利)种植存活率达到95%以上，6个月后三种种植方式的香根草已全部死亡。从水库运行数据来看，受广东持续降雨影响，2016年5月4日—11月1日间水库一直持续在220 m以上较高水位，导致香根草大部分时间被淹没而死亡。

4.2.2 下水库主坝上游库盆示范点

为了示范水库消落带上更低水位区植被恢复技术，该示范点选择在水库主坝上游库底221～223 m高程处，消落带种植面积约800 m^2，采用等高线条带状整地，株行距为10 cm×50 cm。种植采用普通分株种植技术观察记录(见图4-7)。

现场观测，种植后植株一直处于水淹状态，11月份出露后植株还有存留，但均已死亡。

种植前现状(2016年3月24日)

种植放线(2016年4月28日)

种植施工(2016年4月28日)

种植6个月后效果(2016年11月4日)

图 4-7　示范点种植效果

4.2.3　土壤检测分析

结合现场实际，分别对水库码头侧种植区按照高中低3个高程段采样，共计36个土壤样品。对3组样品间各养分含量、pH值和综合肥力指数进行差异显著性分析，结果如表4-3所示。

表 4-3　水库码头种植区各高程土壤养分情况表

区域	速效钾 /(mg/kg)	全钾 /(g/kg)	有效磷 /(mg/kg)	总磷 /(mg/kg)	碱解氮 /(mg/kg)
低种植区	34.5±13.5a	19.2±2.3ab	2.5±1.4b	40.9±18.2a	63.8±20.7a
中种植区	41.1±20.6a	18.0±2.6b	5.8±4.7a	44.6±24.1a	39.7±13.0b
高种植区	38.0±17.7a	20.5±2.4a	3.4±2.0ab	33.8±12.7a	33.1±5.7b

续表

区域	全氮/(%)	有机质/(%)	pH 值	综合肥力
低种植区	0.05±0.01a	1.59±5.4a	5.4±0.2a	1.60±0.04ab
中种植区	0.03±0.01b	1.06±2.9b	5.3±0.2a	1.51±0.08b
高种植区	0.03±0.01b	1.0±5.4b	5.4±0.2a	1.69±0.05a

注:差异显著性采用单因素方差分析,duncan 法,显著性水平 0.05。

由表 4-3 可知,低种植区碱解氮、全氮、有机质含量均显著高于其他两组;中种植区有效磷含量显著高于低种植区;高种植区全钾含量显著高于中种植区;其余指数差异不显著。综合来看,高种植区肥力水平要更高一些,低种植区次之,中种植区最低。说明周期性水淹是将养分浸出、沉积到低区使肥力高于中区的原因,高种植区肥力高可能是水位淹到高种植区较少、养分浸出也少的原因。部分养分浸出并随水流迁移等因素,也使得中低区综合肥力水平偏低。

5

水库消落带植被恢复技术初步体系

近20年来，国内外科学研究重点围绕消落带环境问题成因、消落带利用及影响、土壤养分释放及重金属迁移规律等，提出相关理论和治理模式。广东省各大科研院所也做过相关耐水淹的植物研究和水库消落带的治理试验应用，应用还处于单一、零星和不规范的实验状况，未能形成系统的治理技术体系。

本次项目研究以香根草示范为例形成初步种植技术体系，含苗木选培、种植技术、管养维护3个部分。该技术已纳入2020年中国水利水电勘测设计协会编制出版的《水利水电工程勘测设计新技术应用》图书。

5.1 苗木选培

(1)查清水库消落带类别及水库运行调度方式。

(2)调查水库气候、水质、植被现状，以及消落带范围及土壤状况。

(3)选定植物品种。

①选择构成拟建群落的主要植物(建群种)。

②选择对改善不良生长环境有效的植物(辅助种)。

③选择有利于表层土壤形成和保持其稳定的植物(地被、草本种)。

本研究基于草本种可以利用其细长根系改善土壤的硬度、通气性、持水性等物理性质，改善土壤有机质和无机肥等化学性质，为后期植被群落构建基础。

植物种一般可从生长迅速、耐贫瘠又耐水湿的物种中选择2～3种，以乡土植物为宜。大湾区周调节水库消落带试验植物品种恢复性能指标见表5-1。

(4)苗木培育。

根据选定的苗木品种和种植规模，进行苗圃、苗床设计及苗木育种，做好与种植时间的衔接。

表5-1 大湾区周调节水库消落带试验植物草种性能

种植方式	草种	指标项目	
		成活率	覆盖率
单种	香根草	90%	45%
	百喜草	90%	50%
	狗牙根	80%	20%
	蓉草	62%	7%

续表

种植方式	草种	指标项目	
		成活率	覆盖率
混种	香根草＋蓉草	95%＋80%	45%＋40%
	香根草＋狗牙根	90%＋80%	45%＋20%
	香根草＋百喜草	95%＋70%	60%＋40%

5.2 种植技术

5.2.1 植株分栽

植株分栽建植技术是无性繁殖中简单、见效较快的方法，主要技术特点是根据草种繁殖生长特征，确定株距和行距以及栽植深度，对单一或多种草种进行分栽。植株分栽建植草坪技术简单，容易掌握，但费工。

(1)种植前对坡面进行松土作业，平整坡面。香根草种植区域按一定行距开挖种植槽，种植槽规格为 15 cm×15 cm(深×宽)。

(2)施加基础复合肥，用量为 10 g/m^2。

(3)种植规格。

采用等高线方式种植，单种或者行间混交种植。从圃地里挖出草苗，分成带根的小草丛，按照一定的株行距分栽，一般分 3～10 株为一丛。栽植的株行距通常为 15 cm×20 cm。栽后覆土压实，及时浇水。

香根草：香根草篱采用等高线方式种植，行距为 100 cm，丛距为 10 cm；每丛 4 株，种苗地上部分为 20 cm，地下部分为 5 cm。

百喜草：百喜草行与行之间采用“品”字形的方式种植，行距为 20 cm，株距为 20 cm；种苗地上部分为 5 cm，地下部分为 5 cm。

类芦：类芦行与行之间采用“品”字形的方式种植，行距为 20 cm，株距为 20 cm；种苗地上部分为 20 cm，地下部分为 5 cm。

蓉草：榕草行与行之间采用“品”字形的方式种植，行距为 5 cm，株距为5 cm；种苗地上部分为 5 cm，地下部分为 5 cm。

狗牙根：狗牙根行与行之间采用“品”字形的方式种植，行距为 5 cm，株距为 5 cm；

种苗地上部分为 5 cm，地下部分为 5 cm。

(4)植株分栽时间应尽量选择每年 3～10 月份进行分栽为宜。抽水蓄能水库还应充分结合运行调度方式、库区小气候进行选择。惠州抽水蓄能电站的养护人员认为种植时间提前至 1～2 月份比较合适。

(5)多草种混植。

本研究通过模拟试验，总结提出“一种红壤区库区消落带生态恢复的方法及用途”申请发明专利 1 项(申请号 201611010774.8)。这项专利是以百喜草和香根草混合种植的方法，每 2～4 行百喜草间种植 1～2 行香根草，连续的百喜草行与行之间采用“品”字形种植，百喜草行距为 10～30 cm。种植配置见图 5-1。

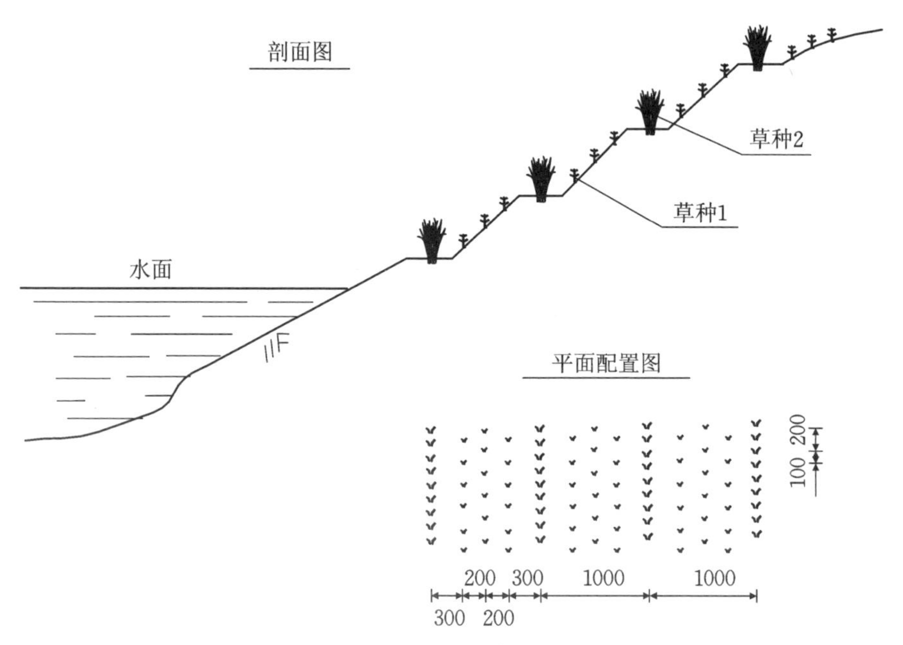

图 5-1　百喜草＋香根草种植配置图

在红壤地区水库消落带中，香根草和百喜草的混种，与单种香根草相比，在叶宽、成活率和覆盖率等方面都有显著的提高。香根草和百喜草的混种，与香根草和其他草种混种相比(例如香根草和狗根草混种)，在叶宽、分蘖数、成活率、覆盖率等方面有显著的优势。

在红壤地区水库消落带种植百喜草可改善土壤酸碱度，提高有机质和氮、磷、钾含量，尤其是速效钾、碱解氮、速效磷含量提高，说明百喜草对土壤速效养分具有一定的活化性能。混种香根草的百喜草比单种的指标呈现更加稳定的状态，甚至叶宽、分蘖数呈现升高的趋势，混种香根草对提升百喜草各项指标具有积极的影响。

5.2.2 网杯分栽

为了适应消落带特殊生境，本研究在普通植株分栽基础上，提出利用网杯及其中填充的土壤等材质固定 3～4 个植株，形成一个小整体后再进行分杯栽植。种植见图 5-2。

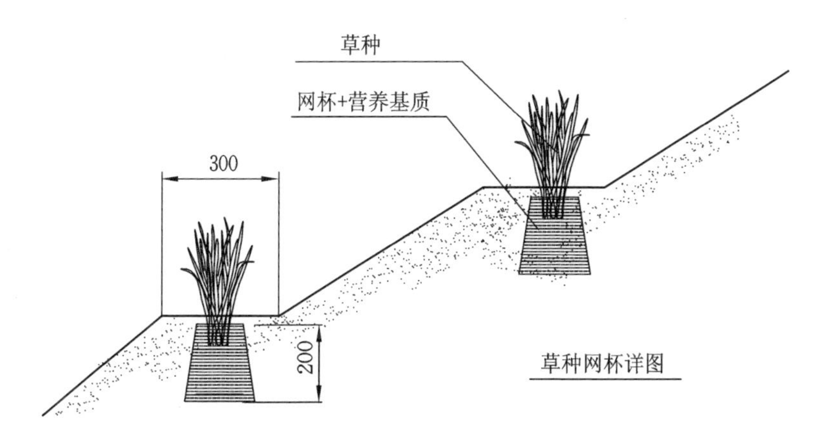

图 5-2 植株分栽种植设计示意图

网杯植株固定器已获得授权实用新型专利 1 项（专利号 201620817851.X），用于固定植株并将其埋于消落带的土内，避免植株因风浪冲刷等原因而漂走。所述植株固定器为底部开口的中空结构，包括侧壁 1、顶壁 2 以及边沿 3。所述侧壁 1 与所述顶壁 2 围成一用于容置植株根部的内腔。见图 5-3、图 5-4。

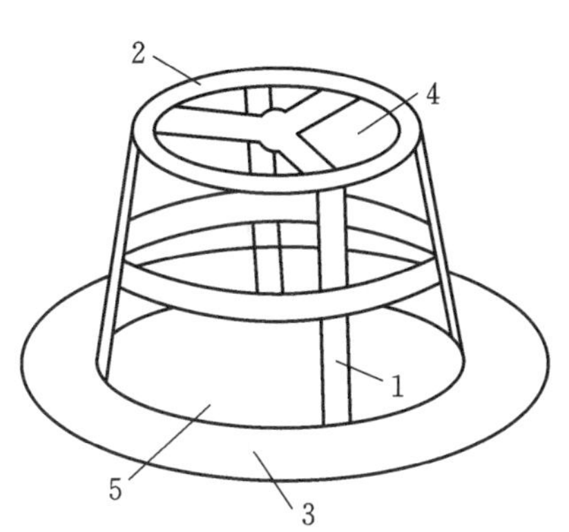

图 5-3 植株固定器

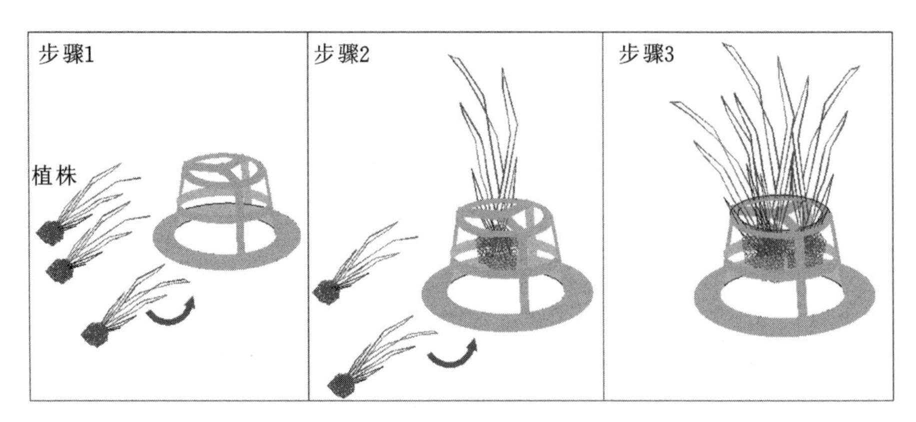

图 5-4　植株固定器使用步骤

专利的优点如下：①能够将多个植株固定在一个固定器中，形成一个整体，增加整体自重，抗浮力增大为单一植株的 4～5 倍；②在固定器与植株间隙填充土壤等基质，进一步增加自重，固定植株，还可改善植株所需土壤环境；③固定器设计为倒锥体外形，埋入土体后显著增强抗浮能力；④固定器底部设计边沿，埋入土体压实后显著增强抗浮能力；⑤固定器的侧壁上设有若干的第二通孔，增强了固定器内外水体交换能力，可有效减小整体所受的冲刷力；⑥可采用农作物秸秆或者木材碎屑压实作为原材料来制作固定器，原材料资源丰富，取用方便，环保可降解；⑦固定器结构简单，加工方便，成本低。

5.2.3　软链接(浮床)栽植

将由轻盈结实的新型材料制成的小型容器用浮球链相连接，在其中种植易成活的可水培观赏植物，浮床一侧固定于消落带岸坡。水位上升时，浮床浮于水体表面，形成独特的水生态景观，并且可吸附水体中的氮磷等营养元素，在一定程度上控制水体富营养化；水位下降时，浮床附着覆盖在因水位下降而裸露的消落带上。设计可将浮球链和固定器制成永久型或半永久型，植物容器制成可替换型，以利于观赏植物和景观的更新。盛放植物的容器建议采用农业废弃物(如秸秆末、锯末)压制，不仅降低成本还对环境无害。软链接(浮床)栽植技术结构如图 5-5、图 5-6 所示。

软链接(浮床)种植技术仅可适用于经常被水淹的消落带部位，可以满足一定的景观绿化功能，但会在岸坡与水体间形成一个不稳定的阻隔体，不利于水库运行管理。

浮床植物除了香根草外，目前主要还有美人蕉、芦苇、荻、香蒲、菖蒲、凤眼莲等，应根据现场气候、水质等条件进行筛选。

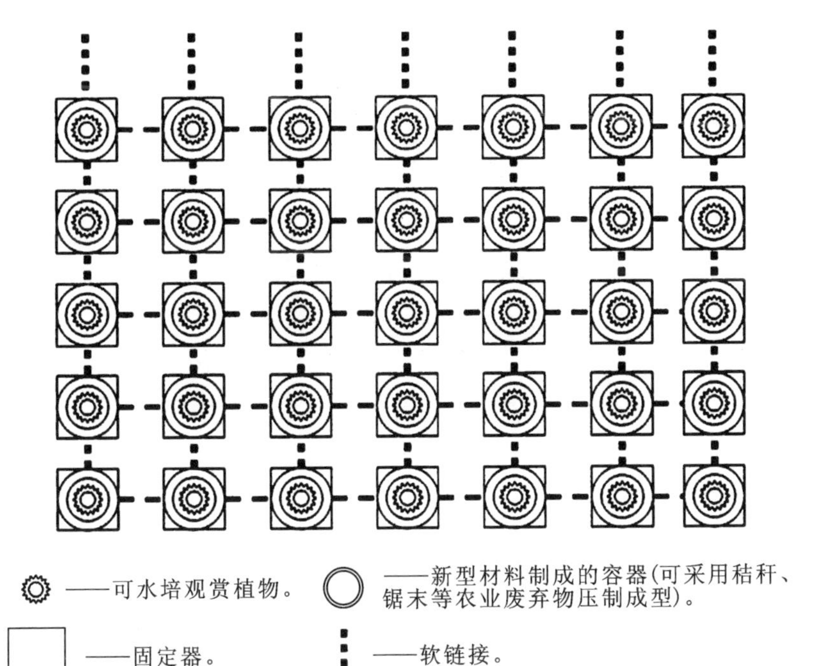

图 5-5　软链接（浮床）栽植技术结构

图 5-6　软链接(浮床)技术

5.2.4　条带整栽

为了使植株适应消落带环境，在苗圃培育时，构制一定尺寸的条带种植槽，内填土壤肥料等材质后，进行植株培育。栽植时将种植槽整体搬运至施工现场，拆解种植槽，将内部条带土壤及植株等整体移入开挖的消落带沟槽中(见图 5-7)。

图 5-7　条带整栽技术

各项处理技术优缺点见表 5-2,可供实际使用参考。

表 5-2　各项处理技术优缺点对比

序号	种植技术		优点	缺点
1	分栽	普通	施工方便、成本低	不易固定、易水漂、换苗时间长、成活率低
		网杯	成本较低、较易固定且防止水漂、成活率较高	施工耗时、换苗时间较长
		混植	施工较简便、可形成多草种植被群落、成活率较高	适合草种少
2	软链接(浮床)栽植		施工简便、成活率高	仅适用于常水淹部位、成本较高、影响管理
3	条带整栽		易固定且防止水漂、换苗时间短、成活率高	施工搬运不便、成本较高

5.3　管 养 维 护

(1)浇水。

浇水仅适用于与水库建设同步实施的消落带植被种植。种植后前 30 天每天浇水一次,以保障植株定根生长所需的水分;种植后 30 天到 60 天之间每 3 天浇水一次。

(2)施肥。

种植后第 30 天和第 60 天各施肥一次,使用复合肥(N∶P∶K=28∶12∶7),两次施肥用量均为 10 g/m^2左右。

(3)刈割。

综合植物生长期、生物量及水库消落带运行因素,建议每年冬季出露时间较长时刈割一次。

需要注意的是,栽植后尽量使消落带一定时间内不受水淹,以确保植物换苗及重新扎根生长,这是消落带植被恢复非常重要的一步,如香根草 15～30 天可完成换苗。

6

结论与建议

6.1 结　论

(1)经资料收集和调查认为,水库消落带总体上属于人工消落带,从运行方式对恢复技术的影响角度考虑,认为应从淹没周期和淹没范围两个方面进行分类。按淹没周期,消落带可分为多年调节型、年调节型、季调节型、月调节型、周调节型和日调节型;按淹没范围,消落带可分为近水型、浅水型和深水型。抽水蓄能水库消落带仅涉及日调节、周调节两种淹没周期类型以及近水型、浅水型和深水型三种淹没范围类型。

截止到2021年底,大湾区及周边已建成抽水蓄能水库8座,水库消落带变幅高差为10～30 m,面积约为512 hm^2。其消落带具有坡度陡、土壤裸露板结、面积小以及上下水库交错出露、水位变动快、频次高等特点。

(2)经典型调查、调研与筛选,选择香根草、狗牙根、百喜草、蓉草、类芦5种草本植物作为模拟试验植物品种。

(3)经模拟试验表明,周调节水库消落带上单种香根草、蓉草、狗牙根的各项形态指标均比岸坡上单种降低20%～50%,消落带上单种百喜草的各项形态指标经过一定适应期后则与岸坡上百喜草无显著差异。各草种的成活率、覆盖率指标与岸坡相比,要降低10%～40%。

供试草种成活率排序为:香根草90%=百喜草90%>狗牙根80%>蓉草62%。覆盖率排序为:百喜草50%>香根草45%>狗牙根20%>蓉草7%。表明香根草、百喜草、狗牙根对周调节水库消落带的水淹环境有较好的适应能力,可作为大湾区及周边周调节水库消落带植被恢复备选草种。类芦则不适合在消落带种植。

(4)经模拟试验表明,周调节水库消落带上香根草分别与狗牙根、蓉草、百喜草混交种植后,植株的各项形态指标比单种下降。而混交的蓉草、狗牙根、百喜草的各项指标则比单种更加稳定,甚至叶宽、分蘖数等部分形态指标还有升高。但从恢复效果各指标显示,香根草分别与蓉草、狗牙根、百喜草混交种植,经过一定适应期后,各草种的成活率、覆盖率比单种要稳定或有所提高,蓉草提高20%～30%。

供试草种成活率排序为:香根草+蓉草(95%+80%)>香根草+狗牙根(90%+80%)>香根草+百喜草(95%+70%)。覆盖率排序为:香根草+百喜草(60%+40%)>香根草+蓉草(45%+40%)>香根草+狗牙根(45%+20%)。表明香根草与蓉草、百喜草、狗牙根分别混种,均可作为广东周调节水库消落带植被恢复的植物组合。尤其混种香根草对蓉草恢复效果较明显,对提升百喜草各项指标具有积极的影响,并对百喜草共生草种研究成果有一定突破。

(5)单种及混交试验进入水淹周期并延长至15天后，经过两轮试验，百喜草、狗牙根全部死亡，香根草成活率还能达到65%，水位下降5天后蓉草重新生长出苗。第三轮试验后，蓉草也全部死亡，香根草成活率仍有40%。香根草可作为抽水蓄能水库及常规水库消落带植被恢复的优选植物品种。

经化验测试，消落带种植供试5个草种均可改善土壤酸度，稳定或部分提高有机质、氮、磷、钾含量，对土壤速效养分还具有一定的活化性能。

(6)2个抽水蓄能电站水库5个植被恢复示范点观测效果表明，新建水库蓄水前在消落带进行香根草种植是行之有效的。对已建水库则应综合运行调度，采取一定的固定及管养措施。

(7)初步提出以香根草为主的示范种植技术体系，含苗木选培、种植技术、管养维护3个部分。不同种植技术的优缺点及适用条件，供指导实践。

该种植技术中申请了2项国家专利，其中植株固定器为实用新型专利(已授权)，一种红壤区库区消落带生态恢复的方法及用途为发明专利。

消落带生态恢复已明确为水电十三五发展规划重要内容之一。按照国家碳达峰、碳中和目标及水电发展中长期发展规划，"十四五"及未来一段时期，大湾区乃至全国的抽水蓄能电站将迎来建设高峰。消落带植被恢复必将成为其中重要组成，我们要抓住契机开展示范推广及深入研究等一系列工作，努力做出应有的贡献。

6.2 建　议

(1)对已建成的水库而言，消落带植被种植时段的选择非常重要，必须了解清楚水库运行方式并与建设管理单位充分沟通。既要考虑消落带出露时段和范围、土质及疏松程度，以便种植施工及安全，又要为种植后植被换苗和扎根留足一定时间，进而提高存活率。

同类型项目野外试验设计时，应综合考虑气候、场地条件等较难控制因素对试验时间及周期的影响，预留一定的应急方案及时间。

(2)前人及本次研究内容时间、空间上均具有局限性，尤其试点水库示范点种植还处于初步阶段，仍应在扩大植物品种筛选培育及配置选择(如增选灌木、乔木等)、立地条件改良、种植技术改进等方面进一步开展深入的研究，才适合大面积推广。

建议继续寻求加大对该研究方向的支持力度，为国家水电清洁能源发展提供有力保障。后续可进一步明晰库岸植被恢复带与消落带的关系，与行业协调开展正常蓄水位以上植被保留的论证研究，深入研究水淹低温条件下各草种驯化及耦合响应，进一步开展对百喜草与香根草共生机理的研究工作。

(3)2015 年 3 月 18 日沈国舫在林业局网站上发表的《木本粮油之外木本饲料扛旗》文章提到重庆开县三峡库区消落带近 1000 亩试验区创造了栽桑治理和发展相关养殖业的奇迹。饲料桑表现出了极耐水淹、生物量较高的特性，全淹 3～4 个月条件下平均成活率达到 90%以上，每亩还可产 1 t 鲜桑叶用作配方饲料和食材，具有非常高的市场开发潜力。广东是“桑基鱼塘”生态农业模式的发祥地之一，下一步研究可结合古人、开县的经验，在水库消落带种植桑树，为消落带产业经济开发探路。

参考文献

[1] 程瑞梅,王晓荣,肖文发,等.消落带研究进展[J].林业科学,2010,46(4):111-119.

[2] 袁兴中,熊森,李波,等.三峡水库消落带湿地生态友好型利用探讨[J].重庆师范大学学报(自然科学版),2011,28(4):23-25.

[3] COTTER H J, CAPORN S. 1999. Remediation of contaminated land by foermation of heavy metal in the upper Colorado river basin, Colorado, USA, 1995-1996. Arch Eviron Contam Toxicol,37(1):7-18.

[4] 李建生,郑悦华,张瑞贵,等.水库消落带蓉草单混种植对水位变化适应性的模拟研究[J].北京水务,2016(1):10-13.

[5] 李建生,郑悦华,邝臣坤,等.广东省水库消落带几种植物对淹水环境适应性的模拟研究[J].广东水利水电,2015(12):44-47,58.

[6] 邝臣坤,郑美燕,李建生.香根草及狗牙根对水库消落带淹水环境的适应性模拟研究[J].环境保护与循环经济,2018,38(4):41-45.

[7] 艾丽皎,吴志能,张银龙.水体消落带国内外研究综述[J].生态科学,2013,32(2):259-264.

[8] 吴江涛,许文年,陈芳清,等.库区消落带植被生境构筑技术初探[J].中国水土保持,2007(1):27-30.

[9] 华中农业大学.一种水库消落带陡坡地区受损生态系统修复方法:CN 201010102730.4[P].2010-08-04.

[10] 同济大学.用狗牙根修复水库消落带和河岸带受损生态系统的方法:CN 200810032895.1[P].2008-07-16.

[11] 中国科学院水生生物研究所.一种水库消落带植被快速恢复的方法:CN 201110264065.3[P].2012-03-21.

[12] 中国科学院武汉植物园.一种利用荷花构建三峡水库消落带湿地植被的方法:CN 200910273270.9[P].2010-06-02.

[13] 杨朝东,张霞,向家云.三峡库区消落带植物群落及分布特点的调查[J].安徽农业科学,2008,36(31):13795-13796,13866.

[14] 陈芳清,黄友珍,樊大勇,等.水淹对狗牙根营养繁殖植株的生理生态学效应[J].广西植物,2010,30(4):488-492.

[15] 滕衍行,马利民,夏四清,等.三峡库区消落带植被生态系统重建的研究[C]//

2005中国可持续发展论坛——中国可持续发展研究会2005年学术年会论文集,2005:196-200.
[16] 周大祥,刘仁华,秦洪文,等.深淹胁迫对三峡库区狗牙根谷胱甘肽代谢途径的影响[J].广东农业科学,2012,39(11):161-163.
[17] 庞志研,叶瑞兴,胡凯浩,等.国内水库消落带水土保持适用植物研究进展[J].科技创新与应用,2012(14):144-144.
[18] 王富永,吴长文,李财金,等.综合生态防护工程技术在改善城市地景中的应用[J].中国水土保持,2008(1):13-16.
[19] 仲恺农业工程学院.水库消落带护坡生态浮床:CN 201120526346.7[P].2012-08-08.
[20] 周永娟.三峡库区消落带生态脆弱性与生态保护模式[D].北京:中国科学院大学,2010.
[21] 山寺喜成.自然生态环境修复的理念与实践技术[M].北京:中国建筑工业出版社,2014.
[22] 夏继红,严忠民.生态河岸带综合评价理论与修复技术[M].北京:中国水利水电出版社,2009.
[23] 谢德体,范小华.三峡库区消落带生态系统演变与调控[M].北京:科学出版社,2010.
[24] 钟章成.三峡库区消落带生物多样性与图谱[M].重庆:西南师范大学出版社,2009.
[25] 马利民,唐燕萍,张明,等.三峡库区消落区几种两栖植物的适生性评价[J].生态学报,2009,29(4):1885-1892.
[26] 杨玉泉,陈海生.山地水库消落带狗牙根耐淹性研究[J].河南农业科学,2013(9):66-68.
[27] 蔡锡安,夏汗平,崔玉炎.广州流溪河河岸缓冲带生态治理的优良草种筛选试验[J].生态环境,2004,13(3):342-346.
[28] 郭泉水,洪明,康义,等.消落带适生植物研究进展[J].世界林业研究,2010,23(4):14-20.
[29] 史玉虎,潘磊,欧阳金华,等.三峡库区百喜草引种试验初报[J].中国水土保持,2002(2):18-19.
[30] 谌芸,何丙辉,练彩霞,等.三峡库区陡坡根-土复合体抗冲性能[J].生态学报,2016,36(16):5173-5181.
[31] 王超.百喜草对红壤坡地氮磷养分流失特征影响分析[J].广东水利水电,2012(9):55-58.

[32] 杨洁,喻荣岗,王照艳.红壤侵蚀区优良水土保持草本植物的选择及评价[J].中国水土保持,2009(3):25-28.

[33] 王昭艳,左长清,曹文洪,等.红壤丘陵区不同植被恢复模式土壤理化性质相关分析[J].土壤学报,2011,48(4):715-724.

[34] 林桂志.百喜草对坡地果园水土保持及土壤改良效果的研究[J].亚热带水土保持,2012,24(3):10-13,70.

[35] 徐泽荣,陈世平,徐泽堂,等.百喜草的特性与应用前景[J].草业与畜牧,2014(1):25-33.

[36] 陈伟,朱党生,王治国,等.水土保持设计手册[M].北京:中国水利水电出版社,2014:557.

[37] 刘士余,聂明英,彭鸿燕.百喜草及其应用研究[J].安徽农业科学,2007,35(25):7807-7808,7810.

[38] 李新虎,张展羽,杨洁,等.不同水土保持措施对坡地养分的影响[J].水资源与水工程学报,2010,21(3):16-20,24.

[39] 吴仁海,等.深圳抽水蓄能电站环境影响报告书[R].广州:中山大学,2005.

[40] 吴仁海,等.广东省惠州抽水蓄能电站环境影响报告书[R].广州:中山大学,2002.

[41] 广东清远抽水蓄能电站可行性研究报告[R].广州:广东省水利电力勘测设计研究院,2007.

[42] 广东省第一次水利普查公报[R].广州:广东省水利厅、广东省统计局,2013.

[43] 广州抽水蓄能电站初步设计报告 第四篇 水利、动能与水库[R].广州:广东省水利电力勘测设计院,1988.

[44] 广东省抽水蓄能电站选点规划报告(2017—2030 年)[R].广州:广东省水利电力勘测设计研究院,2018.